高等院校规划教材

视觉信息应用技术

章海军 编著

ZHEJIANG UNIVERSITY PRESS
浙江大学出版社

图书在版编目(CIP)数据

视觉信息应用技术 / 章海军编著. —杭州：浙江
大学出版社，2013.8(2024.1重印)
ISBN 978-7-308-11926-9

Ⅰ.①视…　Ⅱ.①章…　Ⅲ.①视觉信息　Ⅳ.
①B842.2

中国版本图书馆 CIP 数据核字（2013）第 176096 号

视觉信息应用技术

章海军　编著

责任编辑	杜希武	
封面设计	刘依群	
出版发行	浙江大学出版社	
	（杭州天目山路 148 号　邮政编码 310007）	
	（网址：http://www.zjupress.com）	
排　　版	浙江大千时代文化传媒有限公司	
印　　刷	广东虎彩云印刷有限公司绍兴分公司	
开　　本	787mm×1092mm　1/16	
印　　张	11.25	
彩　　插	1	
字　　数	273 千	
版 印 次	2013 年 8 月第 1 版　2024 年 1 月第 4 次印刷	
书　　号	ISBN 978-7-308-11926-9	
定　　价	39.00 元	

序　言

人类社会已经进入信息时代,为了接收周围世界的大量信息,人类进化出了多种多样的感觉和知觉功能,包括视觉、听觉、味觉、嗅觉和肤觉等。而在这五大知觉中,视觉信息占全部信息的 80% 以上,尤其是在高度信息化的今天,视觉信息所占的比例更是有增无减。视觉,作为人类最重要的知觉功能,正越来越发挥着更重要的作用。

人们对视觉的认识可以追溯到远古时代,而对视觉的系统研究则始于 19 世纪末期。近几十年来,视觉研究得到了快速的发展,产生了视觉生理学、视觉心理学、心理物理学、生理光学、视觉光学、视觉认知学、视觉仿生学等新兴学科,形成了视觉科学研究及其应用的完整体系。全面了解和学习视觉及其信息处理功能的知识,揭示视觉的奥秘,掌握视觉信息的应用技术,不仅有助于全面认识人类自身的视觉系统及功能,提高日常生活和工作的质量,同时可将这些知识应用于现代工业、现代农业、科学技术、国防及国民经济与社会发展的其他重要领域,更好地为人类服务。

为了适应有关视觉奥秘与视觉信息应用技术的教学、科研及知识普及等方面的新要求,我们编著了《视觉信息应用技术》一书。本书既涵盖了现有的视觉及其应用技术、视觉光学及其他视觉著作的主要内容,又充实了最新的视觉信息研究及应用成果,拓展了教学内容和研究应用范畴。其特色是全面阐述视觉系统的结构及信息处理与感知功能方面的基础知识、先进方法和应用技术,与信息时代紧密结合。通过本书的学习,可掌握人与动物的眼球与视觉系统的结构及功能,全面了解视觉系统的秘密;掌握视觉的空间分辨能力、时间分辨能力、视觉暂留、运动视觉、图形与图像识别等,揭示奇趣视错觉的机理;全面学习掌握立体视觉与三维(3D)立体成像原理;学习与揭示颜色视觉、色弱、色盲的机理及奥秘;学习掌握 3D 立体成像技术、视觉仿生技术及视觉应用技术,包括视力测试及验光配镜技术、色盲检查、立体图对/图像与 3D 立体图制作技术、立体照片制作技术、3D 立体影视拍摄与制作技术,以及复眼与晶体眼的视觉仿生技术、鱼眼及全景成像技术、蛙眼的仿生技术、鲎眼图像增强器、鸽眼仿生技术等。总之,这是一本集科学性、知识性、趣味性、启迪性和应用性于一体的专业图书和教材。

本书的主要内容包括三大部分:第一部分第一章至第四章分别为视觉概述、视觉光学系统及屈光学、视觉生理学系统和视觉的基本功能;第二部分第五章至

第八章阐述视觉的高级功能,分别为形状与图形视觉、视错觉、立体视觉、颜色视觉、运动视觉等;第三部分第九章至第十一章阐述视觉信息应用技术,主要包括光学仪器及检测技术、各类3D立体成像技术及立体影视技术、视觉仿生技术等。

由于作者水平所限,撰写书稿时间上也略显仓促,书中不足或不当之处在所难免,敬请广大读者指正。

作 者

2013 年 6 月于浙大求是园

目　录

附图

第一章

视觉概述

1.1 感觉和知觉

人类社会已进入信息时代,日常生活和工作中的信息量正在爆炸性地增大。对信息的接收和处理,人们可以借助于越来越发达的计算机及其相关技术;但就人类个体而言,对外界信息的接收和感知仍依靠自身的五大感觉或知觉系统,即肤觉、味觉、嗅觉、听觉和视觉(Vision)。当然,随着时代的发展,人类的感觉和知觉功能也在不断进化,或者可借助于现代的技术手段与仪器使自身的感觉或知觉功能得到增补和拓展。唯其如此,世界也正变得越来越丰富多彩。

肤觉是触、温、冷、酸、痛等感觉的统称。人的肤觉器官是皮肤,它是人体表面面积最大的结构,成人的皮肤面积约为 $1.5 \sim 2.0 \mathrm{m}^2$。皮肤感受器的细胞体位于对侧脊髓的后根。肤觉的神经通路有两种:一种是脊髓丘脑通路,传递轻微触觉、痛觉和温度觉的信息;另一种是后索通路,传递精细触觉如两点辨别及复杂的触觉等的信息,此外还传递本体觉如肌、腱、关节等感觉的信息。传递肤觉信息的脊髓丘脑通路和后索通路最后都投射到大脑皮质的中央后回,这里是肤觉的皮质中枢。

味觉与嗅觉并称为化学感觉,引起这些感觉的刺激是盐、酸、糖、香料等化学物质。味觉是用来辨别食物和药物的味道的,味觉的基本种类有四种:咸、甜、苦、酸。味感受器是舌头上的众多味蕾,由味觉细胞与支持细胞组成。味觉细胞与来自皮下神经丛的神经纤维相连。所有味觉神经纤维在延髓中组成孤束并终止于孤束核,味觉信息由孤束核换神经元进入丘脑。在丘脑的弓状核中,味觉神经从丘脑进入皮质的颞叶区。

嗅觉是另一种化学感觉。负责嗅觉的器官是鼻子,其中分布着上亿个嗅觉感受细胞。嗅感受细胞的轴突通过筛骨和第二级嗅神经元的树突在嗅球中连接,第二级神经元的轴突形成嗅束,嗅束再在嗅结节换成第三级神经元到达大脑的边缘系统,这是嗅觉的最高中枢。

听觉的刺激是周围媒质(主要是空气)的振动。人耳所能听到的声波频率范围大约在 $20 \mathrm{Hz}$ 到 2 万 Hz 之间,低于 $20 \mathrm{Hz}$ 的声波称为次声波,高于 2 万 Hz 的称为超声波。听觉是人类的重要感觉功能。借助于听觉,人与人之间可以进行语言交流,欣赏优美动听的音乐,享受丰富多彩的现代生活。但听觉系统也存在明显的局限性,因为人耳并不是一个"高传真"的频率分析系统,容易产生升沉、失真和掩蔽等现象。人耳的这些局限性,降低了它作为完善的频率分析系统的功能。此外应该指出,人类的听觉功能在某些方面远远不及蝙蝠和海豚等动物。即使不用视觉,这些动物也能够有效地利用听觉定位、导航和捕捉猎物,蝙蝠甚至可凭听觉在一米远处发现直径为 $70 \mu \mathrm{m}$ 的金属丝。这些听觉功能为人类所不及。幸好，人类具备十分完善的视觉功能和极高的智能。

视觉是人类及高等动物最重要的知觉功能。人类社会已进入信息时代，人们在日常生活和工作中接收的外界信息，正呈爆炸性增长的趋势，而这些信息有 80% 以上来自视觉。视觉，不仅是多数生物赖以生存的手段，也是人类学习、工作及享受现代生活所不可或缺的知觉功能。

人的视觉感受器是双眼。视觉的刺激是周围世界中丰富多彩的光学信息，包含光波长、光强度、对比度及颜色等特征。人眼的光学系统将景物清晰地成像在视网膜上，视网膜上的视细胞把光信号转变成电信号，再通过由逐级的神经细胞和神经纤维组成的视觉通路，将信息传递到位于后脑的视觉皮层（视中枢），最终形成视觉。与其他的感觉器官不同，人眼的视网膜上就分布有各种神经细胞，实际上，可以认为视网膜就是大脑的一部分，是人类千万年进化过程中大脑向前的延伸。因此，视觉系统不仅具有感觉功能，它还是一种更高级的知觉和认知系统。这种结构和功能仅为视觉所特有，也足以说明视觉对于人类的特殊地位。有关视觉系统的结构和功能的详细情况，正是本书在以后的章节中所要具体介绍的内容。

1.2　人类的视觉系统和视觉功能

在日常生活和工作中，人们常常用各种赞美的语言来描述和形容自身的眼睛或视觉。如水汪汪的大眼睛、眼睛是心灵的窗户、要像爱惜自己的眼睛那样爱惜珍贵的物品、眉清目秀、眉目传情、目光炯炯、目光如炬，以及一目了然、一目十行等。足见眼睛及视觉对人类的重要性。人眼为什么能从不完整的轮廓中识别出有意义的图案；能够分辨微小的细节；能够感知各种绚丽的颜色；可以获得空间立体知觉？又为什么能够看到钟表秒针的运动而分针和时针看起来不动？这些问题，涉及人眼的轮廓与形状视觉、图形视觉、视敏度、颜色视觉、立体视觉、运动视觉等功能，参见图 1-1。

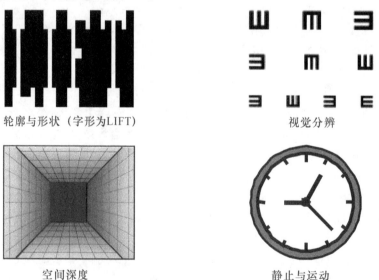

轮廓与形状（字形为LIFT）　　　　　　视觉分辨

空间深度　　　　　　　　静止与运动

图 1-1　人眼的各种视觉功能

　　图 1-2 所示的辐射状图案,无论怎样聚精会神去观察,整个图案看起来总是不稳定的,或晃动,或闪烁,或沸腾。这是因为眼睛总是在不断地搜索和微调。注视图 1-3 的灯丝图形约一分钟,然后将目光快速移开到旁边的白纸上,又是另外一幅奇妙的景象:原来白色的灯丝变成了黑色,而黑色的地方却变成了白色背景。稍后我们会知道,这种黑白色或彩色反转的像称为视觉后像,将在以后的章节中讨论后像产生的原因。

图 1-2　视觉不稳定图案　　　　　　　　图 1-3　奇妙的后像

　　俗话说,"耳听为虚、眼见为实",指的是听到的不一定准确,而亲眼看到的才是真实可信的。而事实上,眼睛感觉到的也不一定都是准确无误的。请看图 1-4 所示例子,左边的图形看起来歪歪扭扭,其实每一条横线都是平行线,此类错觉是由背景的干扰而引起的,这也提示我们在作装潢与工程设计时必须充分考虑视觉的特点和规律。在注视右图中心黑点的同时,将身体以一定速度向前倾或向后仰,可以感觉到内外两个圆环在转动,而且转动的方向相反,这一现象可以归类为一种特殊的运动视错觉。

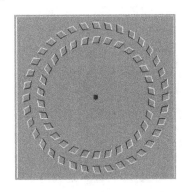

图 1-4　图形视错觉与运动视错觉

　　视觉系统在结构上可分为视觉光学系统和视觉神经系统两部分。视觉光学系统指的是从角膜到视网膜的眼球光学系统,包括角膜、房水、晶状体和玻璃体等光学元件。此外还有一个可迅速改变直径的瞳孔,用以调节进入眼球的光通量,相当于照相机的光圈,位于眼底的视网膜的作用则相当于照相底片。整个视觉光学系统类似于一架照相机,但前者的功能又远非照相机可比拟。视觉光学系统的作用并不仅仅是将周围景物如实地成像到视网膜上,而且具有更高级的信息接收、转换、传递和分析功能。视觉神经系统则包括从视网膜到大脑视皮层的视觉通路的各级神经元。这些神经元的轴突或树突在纵向形成复杂的突触结构,将视觉信息逐级向上传递和处理,同时在横向也形成一定的突触连接,以利于信息的整合,使人眼感知的景物构成完整的整体,并使我们获得立体视觉、运动视觉等高级视觉功能。事实上,即使在大脑视皮层,视觉信息也存在由低到高、由简单到复杂的逐级传递、整合和处理的过程。比如,位于大脑功能定位区的 17、18 和 19 区的视皮层中,存在简单型神经细胞、复杂型神经细胞、超复杂型神经细胞乃至"教皇"细胞等层次。借助于复杂和完善的视觉系统,我们获得了无与伦比的视觉功能。

人眼能接收的光亮度(Brightness)具有很大的动态范围。研究发现,一个光子的强度即可引起视觉系统的反应;而在夏日正午炽热的阳光下,我们依然具有良好的视觉。在光度学上,往往采用绝对黑暗、一个光子、星光、月光、月面、白昼、日光到日面等来描述亮度的不同等级。人眼可以在其中的绝大部分亮度下均获得适宜的视知觉,亮度值跨越从 10^{-6} mL(毫朗伯,$1\text{mL}=3.183\text{cd/m}^2$)到 10^8 mL 的广阔区域,即 100 万亿倍。视觉的这种接收和分辨能力,是听觉等其他感觉所不能比拟的。在不同的光亮度下,我们拥有不同的视觉。从 10^{-6} mL(绝对刺激阈)到 1mL(月光下的白纸)表现为暗视觉,在 1mL 和 10^7 mL 之间为明视觉,暗视觉和明视觉之间由间视或混合视觉过渡。超过 10^7 mL 的亮度,如中午的日面,可能对视觉系统造成损伤,不过,那已经是自然界所存在的个别极端亮度。在现实生活和工作中,人眼对光亮度的动态接收范围,已经足以保证我们观察和欣赏这个生机勃勃的世界了。

我们生活在一个色彩斑斓的世界中,为此拥有十分完善的颜色视觉功能。人眼可见的光谱范围大约在波长 380～780nm(纳米,$1\text{nm}=10^{-9}\text{m}$)之间,虽然这一范围在整个电磁波谱(从 10^{-14} m 的宇宙射线到 10^6 m 的无线电波)中显得微不足道,但却包含了太阳光谱中最主要的波长范围,因此已足以感受日常生活和工作中的几乎全部颜色。如波长 380～400nm 的光被感知为紫色,435nm 的光为蓝色,此外还有蓝绿色或青色(500nm),绿色(540nm),黄色(590nm),橙色(620nm),红色(700nm)等。其中红、绿、蓝为一切色光的基本色,称为三原色,利用不同比份的三原色可以混合匹配出任何颜色。据计算,人眼可以区分数百万种不同的颜色,或者说能够区分出它们之间的差别,在现实中,大多数人大约能分辨数万种颜色。

根据大爆炸理论,宇宙是一个四维的时空,其中的一维是时间,空间是三维的。为了适应这个三维的立体世界,人眼不仅具有明暗、颜色及形状视觉功能,而且还进化形成了良好的空间知觉和立体视觉功能。立体视觉功能得益于我们的双眼,它们在各自的位置同时观察周围的景物,获得两幅相同而又略有差别的视网膜像,这些差别称为双眼视差。大脑根据视差的大小将来自双眼的图像信息重新整合,使我们获得与实际景物一样的深度感。可见,大脑并不是将来自双眼的图像作简单的叠加,而是经过了光学、生理学乃至心理学的处理,最终形成立体视觉。尽管单眼利用景物的亮度、阴影、大小、颜色等暗示也可获得立体视觉,但这是日常经验型的立体视觉。真正的立体视觉,其基础是双眼视觉所包含的双眼视差,这已被随机点立体图对所证明。当双眼同时观察随机点立体图对时,只要左右图对中存在视差,同样可获得逼真的立体效果。而用单眼分别观看这些图形时,只能看到成百上千个毫无规律的随机点。

运动视觉是人类的另一种高级视觉功能。运动是自然界一切事物的永恒主题,世界总是处于不断的运动和变化之中,运动视觉也是动物为适应自然而不断进化的结果。对于某些动物如蛙类、猎鹰、蜜蜂及苍蝇而言,运动视觉是它们赖以生存和繁衍的最重要手段。实际上,蛙类几乎没有静止视觉,即使在它们的周围布满了昆虫,如果昆虫一直静止不动,蛙类也可能因看不见食物而饿死。与此相比,人类不仅具有完善的静止视觉,而且还具备良好的运动视觉，拥有对空间、时间、运动速度、运动方向的快速分辨和响应能力。也许人们都有这样的体会，在一片沙子中找一只静止的蚂蚁十分困难，而一旦蚂蚁爬动，我们就能立刻发现它。因为在这种情况下，我们仅需提取有用的运动信息，而对静止的目标视而不见，从而大大节约信息的处理量，保证我们能迅速找到它们的位置，并判断其运动速度和方向。在这些场合，运动目标的结构细节并不重要，只要能分辨它们的大致轮廓即可，重要的是它们的运动速度和运动方向信息。运动视觉的这种功能在军事上尤为重要，如我方飞机从空中搜索地面上的敌方坦克，如果坦克经过伪装且静止不动，就很难被发现；而当坦克移动时，就可轻而易举地发现并摧毁它。此外对于驾驶员等特殊职业的人员，运动视觉的作用也远远超过静止视觉。

人眼接收的光学信息中所存在的运动变化的物理刺激可以引起运动视觉，此时运动信息在空间和时间上均是连续的，所产生的运动视觉是真实的。但运动视觉的产生并不一定需要存在真实的运动物理刺激。空间上离散的目标，只要它们在适宜的时间内依次连续出现，同样可引起运动感。最典型的例子是城市中的霓虹灯。当一串灯泡被依此点亮时，在人们看来似乎是一个灯泡在向前运动；当两个间隔不远的灯泡被轮流点亮和熄灭时，其视觉效果似乎是一个灯泡在作往复运动，这种运动视觉称为表观似动或视在运动（Apparent motion）。此外，人眼还能产生许多运动视错觉。当一片云彩从月旁飘过时，我们往往认为云彩不动而月亮在动；理发馆门前旋转的彩条招牌，明明是在作水平旋转，看到的却是彩条在垂直方向运动；当你坐在静止的列车上通过车窗观察另一列从旁边缓缓驶过的火车时，可以明显感到是自己的列车在作反方向的运动而窗外的火车不动。运动视错觉有时可加以利用，如地面上的航空模拟器，只要在封闭的机舱前面设置一个显示屏作为观察窗，就可模拟飞机起飞、降落时的跑道情况及飞行时的飞行姿态，从而大大节约飞行员的培训费用，并降低危险性。但在某些场合，视错觉是又有害的，有些飞行员在云层间飞行时，明明飞机处在正常姿态，却常常发生飞机在倒飞的错觉，最终可能导致飞机失事。有关运动视觉的研究，将在第八章详细介绍。

在运动视觉中，还存在许多有趣的现象。当转动头部扫视周围景物时，尽管景物的视网膜像在作相应的移动，而在人眼看来景物并没有动，因为大脑已经对眼球的运动信息作出补偿。与之相反，尽管图1-5所示的图形及其视网膜像并不存在转动，但当扫视该图形时，似乎感觉到其中的圆环在慢速转动。这种转动现象在图形为彩色时尤为明显。这可能是由于眼球的不经意扫视运动造成的，这种扫视运动使图形的像在视网膜上改变位置，但视觉系统并没有意识到这种改变，也不对此进行补偿，从而产生旋转的视知觉。如果双眼注视图形中央的黑点，使眼球保持不动，转动的现象就会基本消失。

1.3 视觉的研究成就及应用

生理光学（Physiological Optics）的研究最早开始于法国。近年日本和美国都投入大量的人力物力开展这方面的探索，在人眼的结构和功能的研究中取得了显著进展，并已将这些研究成果广泛应用于日常生活、工业生产、科学技术、军事国防及仿生学等领域。视觉的主要研究成就有以下几个方面。

图 1-5　看似转动的图案

1. 眼球光学系统的构造。利用解剖学和光学方法揭示了眼球光学系统的结构及光学参数,以此为基础,对眼球光学系统的几何光学特性和光度学特性等有了深入而全面的了解。已经掌握眼球光学元件的光学常数,如角膜、房水、晶状体、玻璃体的曲率半径和折射率,瞳孔的直径等。这些参数决定了眼球光学系统的光学成像特性和调节特性。眼睛的光度特性则包括视网膜的感光和感色性能,瞳孔对光的反应速度,眼睛的各种阈限,包括最小视认阈、最小分离阈、最小符合阈、最小辨认阈等。这些特性为光学仪器的设计及视觉光学和眼科学的临床应用提供了依据。

2. 视觉的神经生理学基础。借助神经生理学与解剖学的知识和技术,深入研究了从视网膜到视皮层的整个视觉通路的构造和主要功能,已经完全掌握视网膜上的两种光感受细胞的构造和机能,并对更高级的视皮层的结构和功能有相当的了解。采用解剖学和电生理方法,掌握了视觉通路各级神经元的结构和相互间的连接,揭示了各级神经元的电响应及其在视网膜上的感受野区域。结合生物化学、扫描电子显微术、显微分光光度计、X 射线衍射、激光和超微探针的新技术,为阐明整个视觉神经系统的构造和全部视觉过程奠定了基础。

3. 视觉的基本功能。包括视觉的时间和空间响应特性,对光亮度的接收范围,对光频率(颜色)的敏感特性,明视、间视和暗视,以及眼球运动等。

4. 视觉的高级功能。如形状与图形视觉、图像识别、图形后效,以及联想、匹配、学习、记忆和认知。

5. 视觉的特殊功能。包括立体视觉、颜色视觉、运动视觉等。已经对立体视觉和空间视觉的机制作出全面的揭示。对于颜色现象和颜色视觉机制，提出了较为完善的理论解释。有关运动视觉和运动视错觉的研究，已经初步掌握了视觉的空间和时间分辨特性，运动速度和运动方向感知特性等。

视觉研究相关应用例证不胜枚举。近年来迅速发展起来的视觉光学，正是基于视觉光学系统的结构与功能研究的成果。在我国，青少年的近视发病率居高不下，近视的防治和矫正十分迫切。根据视觉光学系统的特点，人们发展了多种近视防治仪器及防治方法，以及用于测定眼睛屈光能力的各种主观和客观的验光仪器。正是因为对视觉光学系统的结构和功能有了深入了解，人们才采用凹透镜、凸透镜、柱面镜来分别矫正近视、远视和散光，后来还进一步发明了接触眼镜即隐形眼镜。近来，采用激光角膜手术方法矫正近视，也取得了相当的成功。白内障手术后植入的人工晶体，是根据人眼晶状体的结构与屈光特性而设计的。为了使这类病人获得更好的视觉，研究者在普通人工晶体的基础上发展出多焦人工晶体，植入眼内后，病眼可以完全像正常眼一样对远近不同的目标成清晰像，避免了普通人工晶体植入后需配戴高度远视镜的不便。

视觉系统的结构和功能研究及其仿生学应用，对现代工业、军事、国防和科学技术的各个方面起到了借鉴和推动作用。人们根据视觉神经系统的结构与功能，发展了多种神经网络技术，而计算机视觉和机器人视觉，则大多借鉴了视觉系统对信息的接收、编码、传输与处理方法。在仿生学方面，科学家根据蛙眼只对运动目标敏感而对静止目标熟视无睹的特点，发明了蛙眼雷达，大大节省了信息处理量，提高了反应速度，从而可以迅速地发现敌方飞机的入侵。参照蜜蜂和苍蝇的跟踪方式发展起来的导弹制导寻的系统，能够紧紧咬住敌方目标而一举摧毁它。此外，在工业流水线上，根据鸽眼对特定目标的识别能力特别强的特点而研制的工件识别系统，可以快速地发现不合格的产品，保证工件的质量。

在日常生活中，视觉研究成果的应用也比比皆是。照相机的原理，实际上与眼球光学系统完全一致，照相机的镜头相当于晶状体，镜头后面设置的光圈，对应于人眼的瞳孔，照相底片相当于视网膜。所不同的是，照相机是将目标机械而静止地记录在底片上，而眼睛则将周围世界的景物动态地反映到大脑，从而引起大小、远近、颜色及运动等视知觉。因此，照相机的结构和功能远远不及眼球光学系统那么完善。电影、电视的发明，其基本依据就是视觉系统对时间频率和空间频率的响应特性，通俗而言是基于对视觉残留现象的研究。电影的帧频是每秒 24 幅，按照这一速度放映的不连续画面，在人眼看来在时间上是连续的。当然，相邻画面中对应目标之间的空间变化间隔也应按照一定的规律变化，即应考虑人眼的空间分辨特性。画面的间隔太大，在人眼看来空间上仍不连续，而是呈跳跃状态，如某些制作质量不好的动画片。

由于视觉系统是大部分光学仪器的最终接收端，因此光学仪器的设计几乎都需要考虑视觉系统的结构与功能参数。放大镜和显微镜是为了把微小的物体放大到能符合眼睛固有分辨率的程度；望远镜是将远处目标对眼睛所张的视角放大到眼睛能清晰而舒适观察的程度，即将不能直接用肉眼观察到的远处目标的细节视角放大到人眼的极限分辨角以上。此外，水准仪、经纬仪、光度计、色度仪等传统光学仪器的研制，都考虑了视觉光学系统的视敏度、光度、色度及体视等功能特征。

借助于颜色视觉，我们看到了一个色彩缤纷的世界。同时，根据颜色视觉的原理，人们发展了各种各样的造福于人类、给人以美的享受的方法与技术。绘画中的颜料配置,是基于颜料三原色的相减匹配原理;彩色电视上合成的彩色,则是根据色光三原色的相加匹配原理。彩色电影与彩色照片技术的发明,同样考虑了它们的最终接收终端是视觉特别是颜色视觉的事实。在临床上,色觉研究的成就还为色盲的防治提供了依据。虽然目前要彻底矫正色盲还比较困难,但随着颜色视觉机制研究的深入,总有一天色盲者眼前那片灰蒙蒙的世界会变得一样色彩斑斓。

立体镜、立体照片、立体电视和立体电影等的发明,都是基于立体视觉的研究成果。当我们观察具有三维形状和深度的实际目标时,在双眼视网膜上可形成两幅基本相同的目标图像,这两幅图像之间存在一定的差别,即双眼视差。当图像信息传递到大脑视皮层时,大脑即可将这两幅图像融合成一幅完整的目标图像,并且从双眼视差信息中恢复出三维形状和深度信息。这就是立体视觉的机制。反过来,只要双眼同时看到同一目标的两幅有视差的图像,即使原来并不存在实际的目标,视觉系统仍然能够恢复并观察到立体的目标。这正是上述立体显示技术的基本原理,也是立体视觉的典型应用。

如前所述,对运动视觉的研究促进了在航空航天、交通及军事等领域的仿生学应用。目前,有关运动视觉的研究方兴未艾,随着视觉科学的发展,人们必将开拓出越来越多的视觉研究的应用领域。

第二章

视觉光学系统

2.1 视觉研究简史

视觉的感受器是眼睛。从某种意义上说,人眼同时具有"成像光组＋光电变换系统"的作用,可比拟为一架照相机,更确切地说类似于一架数码摄像机。它的屈光成像装置主要是晶状体,相当于照相机的镜头,瞳孔的作用与可变光圈(光阑)类似,眼球壁相当于暗箱,而视网膜相当于彩色感光胶片或 CCD 与 CMOS 等光电接收器。

其实,人眼的结构、机理和功能,绝非任何照相机所能比拟。当人们用眼睛观察周围的景物时,瞳孔自动调节直径以适应外界光线的强弱,晶状体则将光线清晰聚焦到视网膜上。对于照相机而言,必须采用由多个透镜组成的镜头组才能实现清晰调焦,每实现一次调焦都需要耗费一定的时间,而眼睛的单个晶状体功能就等同于照相机的镜头组,甚至功能更加完善,而且整个调焦过程几乎瞬间完成。外界景物经眼球光学系统成像后,视网膜上的感光细胞将这些光信号转变成生物电信号,由神经系统逐级传递至大脑;大脑再依据经验、记忆、分析、判断和识别等极为复杂的过程,最终产生视觉(图 2-1)。

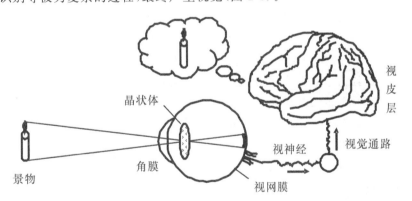

图 2-1　视觉的形成过程示意图

自古以来,科学家们就一直在探究"眼睛是怎样工作的?"这一使人迷惑不解的问题。早在公元前 500 年,古希腊医师希波克拉底(Hipppocrates)和亚里士多德(Aristotle)就已经开始研究眼睛的构造,并得到了眼睛结构相当精确的知识。据说,古希腊的医生们还能对眼睛施行精细的外科手术,但是,他们并不了解"视觉"这个基本事实。

加伦(Galen,129—201)对动物的眼睛进行了观察,并提出了自己的学说。他对视觉的观点在 15 世纪前一直得到广泛的信奉。但是他的观点有两大错误,其一,以为眼睛的光感受器不是视网膜而是晶状体;其二,认为视觉是借助于晶状体辐射的光而完成的。按照这一观点,人眼在夜晚或黑暗的环境中应该具备与明亮的白天一样好的视觉,而这显然不符合视觉的实际。因此,加伦的观点是经不起推敲的。

到了公元 15 世纪,达·芬奇(Leonarde da vinci,1452—1519)认为视觉的形成来自于光进入眼睛后所成的像。但限于当时的科学水平,他作了以下含混不清的叙述,即眼睛把自身的像通过空气送入所有的物体、又把物体取回于自身之中,在眼睛的表面认识物体。他认为进入眼睛的光线会聚于晶状体后的某一点,从而在眼底形成正立像。把晶状体视为光感受器的这种观点表明,一旦离开了实证的研究,就会陷入错误。

后来,莫利科斯(Mauroiycus,1495—1575)否定了这种错误观点。他认为来自物体的光由于晶状体的折射后在视网膜上成像。之后,拍拉得(Platter)进行了解剖学研究,由其结构推断功能,发现晶状体相当于一个透镜。开普勒(Kepler,1604)从物理学上演示和证明了光是怎样由于晶状体的折射而在视网膜上成像的。几乎与此同时,德斯卡特(Descartes,1596—1650)对晶状体进行了几何光学分析。基于这些物理学的研究,公元 1625 年,德国人谢纳(Scheiner)对牛的眼睛作了进一步解剖。他将牛眼后壁的包膜除去,露出了透明的内壁,即视网膜。据此,谢纳在动物的视网膜上看到位于眼睛前面的物体的微小像,从而证明了来自物体的光线经过眼睛晶状体折射后成像于视网膜上的过程,从此结束了此前关于视觉问题的许多错误观念。

20 世纪 50 年代,瓦尔德(Wald)和达特诺尔(Datrnall)等人已从鸽子等动物的视网膜中抽提出视锥细胞的视色素;罗斯顿(Rushton)首先用视网膜反射密度测量技术对人眼视网膜的视色素进行了研究,并在中央凹发现有两种视锥细胞色素,一种是绿敏色素,另一种是红敏色素,从而开拓了研究色觉的新领域。

在最近三十多年,对视觉的研究取得了一系列更重大的成就。科学家们从视觉信息的传递角度来研究视觉的形成过程,并已深入到大脑视皮层。特别是前苏联学者采用热像仪扫描动物的大脑视皮层,在不同景物刺激下,获得了视皮层的不同热像图,证实了科学家们对视觉过程的假设——眼睛所见的物体确实是反映在大脑皮层上。

由此可见,对整个视觉形成过程的初步认识,从确认眼球以晶状体进行成像,到认识视网膜的视细胞对视觉信息的接收、转换和传递,直至大脑皮层对信息的处理,最终形成完整的视觉,经历了约 2000 年的漫长历史。但直至今日,并不是说人们已对整个视觉过程已全部认识清楚,相反,仍然存在大量需要研究的课题。而且随着时代的发展,还会有更多新的难题需要人们去研究攻克。

2.2　眼球的结构

眼位于眼眶内,主要包括两大部分,即眼球和眼的附属器,见图 2-2。

眼的附属器包括眼睑、泪器、结膜、眼眶和眼外肌。附属器的主要功能是保护和清洁眼球,眼外肌负责眼球各个方向的运动。

眼球(eye ball)近似球形,由眼球壁和眼内容物组成,主要结构如表 2-1 所示。至于眼球的尺寸,各文献所载数据有所差异,一般认为,眼球的前后径约为 24 mm。

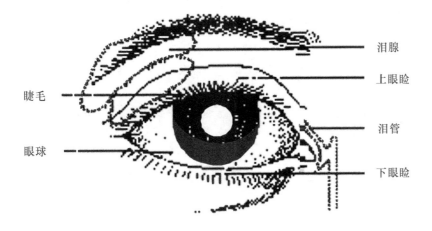

图 2-2　眼的结构图:眼球和眼的附属器

表 2-1　眼球的主要结构

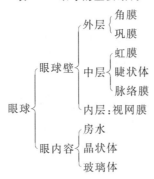

眼球的剖面图如图 2-3 所示。

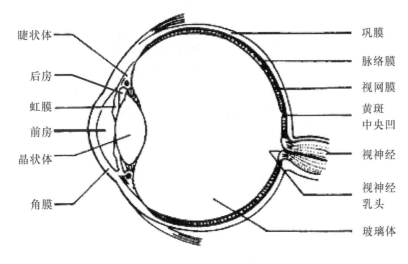

图 2-3　眼球的剖面图

2.2.1　眼球的结构及其功能

1.外层或包层(纤维膜)。由坚硬致密的纤维组织构成,它有保护眼球形状和内部组织的作用。与空气接触的前 1/6 为角膜,透明且向前凸出;后 5/6 为巩膜,是乳白色不透明的厚膜。

(1)角膜(Cornea)。表面光滑,质地坚硬,位于眼球最前面,呈横椭圆形。其横径为 11.5～12mm,垂直径为 10.5～11mm,厚约 1mm,中心部稍薄,约 0.5～0.8mm。角膜前表面曲率平均 7.8mm,后表面 6.8mm。

角膜在组织学上分为五层。它们是上皮细胞层、前弹力层、角膜实质层、狄氏膜和内皮细胞层。

上皮细胞层由 5～6 层细胞组成,在角膜缘处与球结膜上皮细胞层相移行,再生能力强,外伤后可再生,并无疤痕遗留。前弹力层是一层均匀一致无结构的薄膜,损伤后不能再生。角膜实质层或基质层占角膜全厚的 90%,主要由胶原质纤维组成,约有 100～200 层,每层厚度约 1.5～2 μm,各层约 1/10 光波长的间隔,极其规则地与角膜表面平行排列,各层相互成一定的角度重叠,并具有相等的屈光指数。损伤后不能再生,会留下不透明的斑痕而影响视力。

角膜主要生理特点有:(a)透明性,无血管,无色素细胞,含水量和屈光率恒定,屈光度占整个眼球光学系统的 3/4 屈光度(眼球共 60 屈光度);(b)知觉特别敏感,一旦受外界刺激,立即会发生反射性闭睑动作来保护眼球免受伤害。因角膜无血管,其营养主要来自角膜缘血管网和房水的渗透。

(2)巩膜(Sclera)。质地坚韧,呈乳白色不透明的厚膜,巩膜由致密相互交错的纤维组成,巩膜内层含有色素、呈棕色,发生黄疸时巩膜会染成黄色,巩膜的厚度是不均匀的。后极部最厚,约 1mm,赤道部约 0.4～0.5mm。与眼外肌融合部约 0.6mm,巩膜有保护眼球内容的作用。

(3)角膜缘。角膜和巩膜的移行区,角膜嵌入巩膜内,角膜血管网位于此处。

2.中层。紧贴在纤维膜的内面,具有丰富的血管和色素,呈棕黑色,其作用好像照相机"暗箱",有防水的作用,它包括虹膜、睫状体和脉络膜。

(1)虹膜(Iris)。在中层的最前面,是一圆球状的薄膜,表面不平整呈放射状,通过角膜可以看到,虹膜中央有一平均直径为 2.5～4.0mm 的圆孔,称为瞳孔。光线从此小孔进入眼球。瞳孔的大小随光线的强弱而变化,变化范围约 1.5～8mm。当光线很强时,瞳孔会自然缩小,反之瞳孔放大,从而起到调节入射到视网膜上光线多少的作用。

瞳孔缩小由缩瞳肌(瞳孔括约肌)控制,瞳孔放大则由散瞳肌(瞳孔开大肌)控制。前者受副交感神经支配,后者受交感神经支配。

虹膜的基质层由疏松的结缔组织构成,含有色素。其颜色随人种族而异,我国和亚洲人一般为棕褐色,欧、美洲人有蓝色和灰色不等。

(2)睫状体(Ciliary body)。前连虹膜,后连脉络膜。环绕眼球内部的四周,呈环带状,其横截面呈三角形,睫状体的前部较厚,其中约有 70～80 条大小不等纵行放射状的突起,称为睫状突。睫状体的后部薄而平,称之为睫状环。睫状体至晶状体赤道部有纤维状的晶体悬韧带与晶状体相连。当睫状肌受副交感神经支配时,由悬韧带的松弛或紧张而使晶状体的曲率发生变化,使不同距离的物体均能清晰地成像在视网膜上。

（3）脉络膜（Choroid）。色素膜的最后一层，占中层后部的 2/3。血管和色素都很丰富，对视网膜起到营养的功能，并有遮光作用，能遮挡通过巩膜的光线进入眼球，保证由瞳孔进入眼内光线清晰成像。

3. 内层，视网膜（Retina）。紧贴在中层的内层，通常指自锯齿缘至视神经乳头部，分为两层，内层为感光层，外层为色素层。二层之间有空隙，可剥离分开。人眼视网膜的厚度约为 0.1～0.5mm。

视神经乳头称作视神经盘（Nerve disc），位于眼球后极鼻侧 3～4mm 处，其直径约 1.5mm，它使视网膜神经纤维汇集成圆盘状，并且穿出眼球。由于视神经乳头只有神经纤维而无感光细胞，即无感光能力，因此视神经乳头处没有视觉，在视野中成为一个盲区，在解剖学或眼科学上通常称为盲点，也叫生理盲点。采用图 2-4 可测定生理盲点，闭上左眼，右眼注视十字，前后移动头部，在某一距离可发现右边的圆点消失，此处即右眼的盲点区。左眼的盲点按相同方法测定，只需将十字和圆形的角色互换即可。

图 2-4　生理盲点测定

平时人们之所以未能感觉到这一盲区存在，是由于我们在观察物体时，为了搜索最感兴趣的目标，眼球总在不断地转动；此外，双眼视觉也相互补偿了盲区的感光能力，所以往往感觉不到盲点造成的视野阴影区。

在视神经乳头的颞侧 3～4mm 处，有一直径约 2～3mm 的黄色区域，称为黄斑（Macula area）。在黄斑中心有一下凹的小区，其外径约 1.5mm（对应视角约 5°），下凹的底部直径约 0.3～0.4mm（视角 1°20′），称为中心凹或中央凹。它是视细胞最集中的地方，也是视觉最敏锐的部位，如该部位发生病变，视力将受到严重的影响。

2.2.2　眼内容的基本组成部分及其功能

眼内容包括房水、晶状体和玻璃体。

1. 房水（Aqueous house）。一种透明的液体，它充满于眼房。角膜与晶状体之间的空隙叫做眼房，虹膜把眼房分成二部分，靠角膜方向的称为前房；在睫状体和晶状体赤道部的称为后房（参见图 2-3）。

房水由睫状突产生，先进入后房，经瞳孔进入前房，再经前房角汇入巩膜静脉窦，通过传出小管进入前睫状静脉而流出眼球。因此房水处于动态状况，它不断地产生和流出。正常时，房水总量处于平衡状态，眼内压保持一定值。若这种正常的通路受阻，房水量不断增加，就会导致眼压过高，医学上称为青光眼。

2. 晶状体（Lens）。位于虹膜和瞳孔之后的玻璃体蝶形凹内。晶状体与悬韧带和睫状体相连。晶状体透明而富有弹性。在解剖学上，晶状体的前表面和后表面的交线称为赤道，前表面和后表面的对称轴上的相交点称为前极和后极。

晶状体是眼球内唯一可改变曲率的光学元件，它通过改变前后表面的曲率半径实现调焦,尤其是其前表面曲率变化最大(图 2-5)。在观看不同距离的物体时,可通过晶状体的调节作用而在视网膜上得到清晰的像。

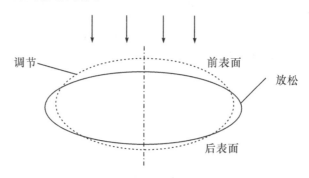

图 2-5　晶状体的调节示意图

晶状体由晶状体囊和晶状体纤维组成。晶状体囊是一层透明而具有高度弹性的薄膜。晶状体纤维由赤道部不断地增长,而逐步形成了晶状体的皮质层和晶状体核。晶状体核随着年龄的增长而不断增大,并变硬而失去弹性,调节功能衰竭,随之晶状体的颜色也逐渐呈黄色,甚至棕色。晶状体无血管,营养主要来自房水,在某些病变下,晶状体发生浑浊,可影响视力,医学上称作白内障。

3.玻璃体(Vitreous body)。完全透明无色的胶质体,位于视网膜前,并充满在晶状体后面的眼球腔内,约占眼球容量的 4/5。玻璃体无血管、无神经、无再生能力,其营养来自脉络膜、睫状体和房水。

玻璃体 99% 为水,其余为胶质和透明质酸,除有屈光作用外,在内表面起支撑视网膜的作用。如玻璃体脱失、液化,易导致视网膜剥离。

2.2.3　眼的附属器

1.眼睑。它是覆盖在眼球前部的帘状组织,眼睑分上眼睑和下眼睑,有保护眼球、防止外伤和避免强光直射眼瞳、帮助瞳孔调节进入眼内光线的功能。上眼睑和下眼睑交汇处称为眦部,鼻侧端称内眦,呈钝角,颞侧端称为外眦,呈锐角。在进行电生理测试时,某些电极就安装在眦角处。上下睑缘的内侧有一小孔,称为泪点,是泪道的入口处。

2.结膜。一层薄而透明富有血管的粘膜,覆盖在眼睑后面和眼球前面。贴于眼睑内面的叫睑结膜,它不能推动。贴于巩膜前 1/3 的薄膜叫球结膜,表面非常光滑松弛、透明。结膜能分泌粘性液体,经常湿润角膜以维持其透明性。

3.泪器。包括分泌泪腺和排出泪液的泪道。泪液的作用是经常湿润角膜,保持其透明性,因为角膜一旦干燥就会丧失透明性。其次泪液还有洗刷侵入眼球表面的灰尘,维持眼球的清洁,抑制细菌的生长和繁殖的作用。

4.眼眶。有骨质构成,呈四棱锥体状,它是容纳和保护眼球的腔体。成年人眼眶深 4～5mm,眼眶容积约为 25～28mL,眼眶内含有眼眶脂肪,有软垫作用,可吸收外力对眼球的震动影响。

5.眼外肌。附着在眼球壁上。共有六条外肌控制眼球运动,其中四条直肌和二条斜肌,它们分别是上直肌、下直肌、内直肌、外直肌、上斜肌和下斜肌。眼外肌的作用将在有关眼球运动的章节中作进一步介绍。

2.3　眼球的光学系统

眼球光学系统由角膜、房水、(瞳孔)、晶状体、玻璃体等具有光学特性的元件组成,它把周围世界的景物或光线折射后清晰成像在视网膜上。

眼球基本上呈球体,眼球前面的正中点叫前极,后面的正中点叫后极。以两极的中点包括眼球水平轴所作的眼球的垂直截面,与眼球径向两端点相交的环线叫做赤道线。赤道把眼球分为前后两半(图2-6)。

图2-6　眼球坐标图

关于眼球的尺寸,各科学家所测得的数据并不一致,一般认为,眼球的垂直径约为 $23 \sim 24.4$mm,水平径约为 $23.5 \sim 24.6$mm。

2.3.1　光轴和视轴

通过前、后极间的前后径是眼球系统的光轴,在医学上又称作眼轴,光轴是眼球光学系统的对称轴。被注视的物体与视网膜中心凹的连线叫视轴,从眼球光学系统来说,视轴也就是中心凹与节点的连线。视轴也用来表示眼睛观看物体时的视线方向(图2-7)。

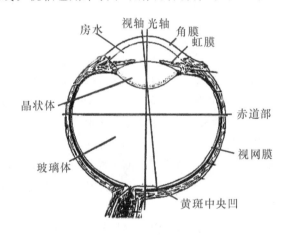

图2-7　光轴和视轴

需要特别指出,光轴和视轴并不重合,两者相交约5°角。两眼视轴的交叉位置在眼前约45～50cm处,调节状态约为2屈光度(D)。在此点附近球差最小,也是形成双眼视觉最容易之点。在动物的眼睛中,部分也存在类似的光轴和视轴不重合的现象,不过这一交叉角各有不同,可能与其生活习惯有关。

在这里尚需引入注视点的概念,当眼睛在一个很大的空间里搜索某一物体时,一旦发现一个所要观看的物体时,眼珠就会盯着这个被搜索的物体。这时对人来说似乎这个被搜索的物体前后、左右都不存在其他物体,而被观看物体却很清晰地成像在视网膜上。我们称在这种状态下的被观看物是眼睛的注视点,从眼球光学系统来说,注视点是在视轴上的物点,它与视网膜中心凹上的像共轭。

2.3.2 眼球系统光学元件的光学常数

1. 角膜

角膜处于眼球光学系统的最前面,与外界空气的折射率差别很大,由角膜的解剖学可知,角膜的主要部分由基质层组成,基质的折射率为 1.550,而角膜的平均折射率约为 1.375。

由于角膜基质层的胶质纤维按一定间隔,且十分有规则排列的结构特性,它使入射方向以上的杂散光相互干涉而抵消。提高了入射光的强度,从而使角膜具有良好的透明性。

角膜呈椭圆形,一般其横径约 11.5mm。不同民族人眼角膜的横径和垂直径略有差异,日本人的横径约 10.6~12mm,垂直径约 9.3~11mm。另外,角膜的垂直断面的曲率一般比水平断面曲率较少。因此绝大多数的正常眼具有生理性正散光,但并不影响视力,角膜的光学特性也是色差减少的一个重要原因。

根据角膜的几何尺寸进行光学计算,角膜的屈光度约为 45D,它占整个眼球光学系统屈光度(60D)的 3/4,只是角膜的屈光度是不可调节的。因此,角膜是眼球光学系统中屈光度最大的屈光面,如果角膜表面发生异常,如曲率畸变,表面损伤等,将严重影响眼睛的屈光特性,尤其表现在散光方面。

2. 房水

房水充满在前房和后房。前房的中央深度约 1.64~2.21mm,房水的折射率为 1.334,呈弱碱性,它对成像并没有什么太大影响。

3. 晶状体

在眼球光学系统中,晶状体的屈光力虽然不如角膜,但却是唯一可调节屈光度的光学元件,在调节中起着十分重要的作用。就晶状体本身而言,它是一种多层纤维结构,其层数达 2200 层。整个晶状体的折射率并非均匀一致,而是愈向中心折射率愈高,并且折射率在中心区域变化剧烈。这样的渐变折射率结构,使像差大大降低,调节也变得更为容易。晶状体的外形如双凸透镜,赤道直径为 9~10mm,前面的曲率半径约 10mm,后面的曲率半径约 6mm,中心厚度约 4~5mm。晶状体在调节时,曲率半径发生显著变化。一般而言,晶状体的曲面是一个非球面,前面与抛物面相似,后面与旋转椭圆体接近。通常,晶状体具有负散光特性,因此适度地校正了角膜的正散光。

由于晶状体的折射率是不均匀的,晶状体的皮质折射率为 1.377~1.405,核体的折射率为 1.399~1.424,平均组合折射率约 1.42,所以晶状体是一个变折射率体。在调节时,随着晶状体的形状发生变化,不仅核体的中折射率随之变化,而且整个折射率的分布状况也相应发生改变,因而屈光率也变化。

4. 玻璃体

玻璃体占据了眼球内的大部分体积,其折射率约为 1.335,基本上可认为与房水是同一折射率的物质。

5. 瞳孔

瞳孔是通过缩瞳肌与散瞳肌的收缩和舒张实现缩小与放大的。瞳孔的作用好似照相机的可变光阑或光圈。虽然瞳孔不是"光学元件",但在眼球光学系统中却起着至关重要的作用,正如照相机中的光阑一样,它不仅对明暗作出反应,调节进入眼睛的光亮,同时也影响眼球光学系统的焦深和球差。

一般成年人的瞳孔平均直径为 2.5～4mm,且随光强等因素的变化而变化。两眼瞳孔间距离为 64～65mm。不同人种的瞳孔大小和瞳距有所不同;瞳孔的大小还与人的年龄、性别、生理状况、外界刺激和情绪等因素有关。例如通常女性瞳孔比男性大、青少年的瞳孔比儿童和老年人来得大;看远物时瞳孔放大;光线强时瞳孔缩小;注意力集中或对某特别感兴趣时人眼瞳孔也会增大;另外,在某些药物的作用下瞳孔也会放大。因此人眼瞳孔的大小实际上是经常变化的。

人眼的瞳孔呈正圆形(参见图 2-2),但动物的瞳孔形状不一定都是圆形的,而且瞳孔缩小和放大时的形状也有变化。一般情况下,猴子、猩猩、鸟类、狗、老虎、狮子等的瞳孔为圆形,猫眼、壁虎则分别是椭圆形和钥匙孔形的瞳孔(图 2-8)。壁虎在日光灯下瞳孔为四个小菱形,某些蛇也有类似钥匙形的瞳孔,企鹅的瞳孔近似方形,而热带的四眼鱼则每只眼睛有两只瞳孔,一个用于看空中,另一个用于看水下。另外,公牛的瞳孔呈腰果形,羊的瞳孔呈锯齿形。总之,各种动物瞳孔的形状可谓千姿百态,各式各样,主要是因它们的生活环境和生活习性不同所致。

 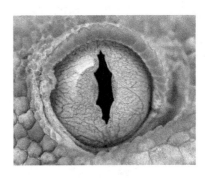

图 2-8 猫(左)和壁虎(右)的瞳孔

由于眼球光学系统各光学元件均为活体,其参数的精确测量有一定困难,因此各著作所列的测量数值可能略有差别。为了便于研究,一般选取这些光学元件参数的平均值作为计算分析的数据,并且提出了模型眼和简化眼概念。

2.3.3 模型眼和简化眼

1. 模型眼(Schematic eye)

眼球是一个非常复杂的光学系统,它不仅因人而异,而且变化迅速和难以捉摸,很难精确测定眼球光学系统中各元件的光学常数。在实际计算时,常将多次实测值取其平均作为某一光学元件的一个常数值。同时又把眼球光学系统的各折射面模拟成一定形式的光学表面,并将其折射率看作是均匀一致的,根据这些条件制作的"眼"称为模型眼。其中以亥姆霍兹(Helmholtz)模型眼和吉尔斯坦德(Gullstand)模型眼为主要代表。图 2-9 为亥姆霍兹模型眼示意图,表 2-2 列出了其光学参数。有了模型眼及其光学参数,就能较方便地进行光学计算和分析。

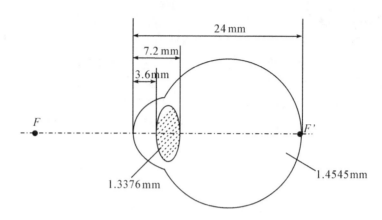

图 2-9   亥姆赫兹模型眼示意图

表 2-2   亥姆霍兹模型眼的光学常数

	曲率半径(mm)	至角膜距离(mm)	屈光度(D)
角　　膜	8	0	41.6
晶状体前表面	10(6)	3.6	12.3
晶状体后表面	−6	7.2	20.5
晶状体			30.5
晶状体前主面		5.7	
晶状体后主面		6.06	
眼			66.67
眼的前主面		1.96	
眼的前后面		2.38	
眼的前焦面		−13.04	
眼的后焦面		22.36	
眼的前节面		6.96	
眼的后节面		7.38	

2. 简化眼(Reduced eye)

眼球光学系统虽然经亥姆霍兹和吉尔斯坦德等人简化成模型眼,但因为其中仍有晶状体(内核)存在,在临床和教学方面作计算时有时还嫌不便。为此,人们进一步将模型眼的光学系统简化成由只有一个屈光面的光学系统,简化和去除了内核。由此构成了一个只有一个节点,一个主点和二个焦点的眼球光学系统,称为简化眼,见图 2-10。

简化眼的节点是眼球光学系统的光学中心,经过光学中心的光线不发生偏折,因此来自物体的光线经节点直至视网膜,并在视网膜上形成倒像。经计算,简化眼的屈光能力约为66.67D,其光学常数列于表 2-3。

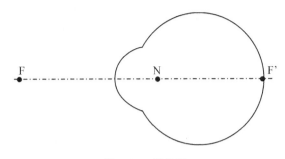

图 2-10　简化眼

表 2-3　简化眼的光学常数

折射率	1.33	角膜曲率半径	5 mm
前焦点在角膜前	15 mm	后焦点在角膜后	20 mm
屈光度	66.67 D	节点在视网膜前	15 mm

2.3.4　像差

与任何光学系统一样,眼球光学系统也存在着各种像差。在明亮的环境下,视觉系统主要由集中于黄斑区的视锥细胞起作用,此时,视锥细胞分布较少的视网膜周边区起的作用不大,因此,像散和像差等轴外像差不甚明显,人眼光学系统的像差主要表现在色差和球差方面。

1.色差

人眼在 380 nm 到 780 nm 的可见光谱波范围内,对各波长光线的色差随人眼的调节而发生变化,眼睛在完全放松时,即无调节时,红光比黄光能更好地聚焦于视网膜上,当调节量为 2.5D 时,则蓝绿光更好地聚焦于视网膜。眼睛每调节一个屈光度,色差增加 2%。

由于人眼在光亮条件下瞳孔较小,大部分光线位于瞳孔中央微小的直径内成像,加之眼睛对黄绿光较敏感,两者色差较小,而且人眼对色差较大的光谱两端的色光不敏感,因此,总的来说色差对人眼的视觉效果影响不明显。

2.球差

人眼在观察远距离物体时具有正球差,观察近距离物体时则为负球差,但总的来说人眼的球差不大,其主要原因是:(1)角膜并非球面、其边缘部分较平,使边缘的折射减弱;(2)晶状体为非均匀折射体,中心部分折射率大,边缘折射率小,使进入眼中心部分的光线折射加强;(3)由于 Stiles-Grawford 效应,使进入眼瞳中央部分所产生的亮度感觉比同样的光线通过瞳孔边缘时产生的亮度感觉来得强,从而导致球差减少。

由以上分析可知,眼球光学系统虽然存在一定的像差,但在视轴附近,即中央视场的像差还是很小的。

2.3.5　视野

通常所说的视野,是指眼睛所看到的范围。它既可指客观环境所见范围的大小,也可指主观感觉上能看到的范围大小。但视野的确切定义,应是眼球固定并注视正前方一点时所能看见的空间范围。

正常眼的视野呈椭圆形、水平方向宽、上下方向窄。如以单眼观察白色视标,当视标直径为 3mm,观察距离为 33cm 时,单眼的视野为颞侧 90°,鼻侧 60°,上侧 55°和下侧 70°。

视野分为中心视野和周边视野两种。中心视野是指围绕注视点 30°范围以内的视野,其中黄斑部的视野范围约 5°,与这一部分视野相应的视网膜视敏度较高,在单眼平面视野颞侧 15.5°处为生理盲点。周边视野则是指中心视野以外的视野,广义而言,是眼睛所能看到的最大范围。

视野又可分为单眼视野和双眼视野,双眼视野大于单眼视野。双眼的共同视野通常可达 124°视角。

人眼对不同的颜色,其视野的范围是不同的。在同样的照明条件下,白色的视野最大,蓝色和红色次之,绿色视野最小。人眼对蓝、红和绿色的视野范围依次递减 10°左右。

除此之外,视野还有静态和动态视野区别。静态视野是指眼球固定,单眼注视时的视野,动态视野则是头部固定不动,眼球向各个方向旋转所能看见的空间范围,显然,动态视野比静态视野要大。

视野检查在神经生理和医学上有重要的作用,尤其是双眼视野对体视的形成至关重要,在医学上则是确诊许多眼疾的依据,如根据视野缺损情况诊断视网膜脱落、青光眼、偏盲和黄斑部病变等眼科疾病。

在正常眼情况下,视野的大小与观察的视标形式、视标大小和视标的颜色有关。当照明固定时,强刺激(大视标)的视野范围要比弱刺激(小视标)的视野范围来得大。有关视野的检查方法和仪器,将在第九章介绍。

2.4 屈光学概述

角膜、房水、晶状体和玻璃体等是构成眼球光学系统的主要元件。对正常眼而言,来自无穷远的光线可在视网膜上形成清晰的像。若眼球光学系统不发生任何调节变化,那么看近物时,其焦点将会在视网膜之后。而实际上,人眼观察近物或远物都能做到同样的清晰。这种眼球自动改变屈光度、调整焦点位置的能力称为眼的调节作用,调节与屈光相辅相成,屈光与调节是同时作用的。

屈光和调节中的常用术语:

1.屈光。当眼球处于自然放松状态而无任何调节时,光线通过眼球光学系统折射在视网膜上成像的过程,称为屈光。屈光有静态屈光和动态屈光之分,静态屈光是指人眼没有调节参与,眼睛处于完全放松状态。当晶状体的曲率发生变化,眼睛处于瞬时调节状态时,则为动态屈光。

2.屈光不正。在正常情况下,来自 5m 以外物体的光线即平行光线经眼球光学系统后,其后焦点正好落在视网膜上,称为正常眼。临床上称之为屈光正常或正视眼。反之,如果其后焦点的位置不能准确地落在视网膜上,则为屈光不正或屈光异常。常见的屈光不正有近视眼、远视眼和散光眼,统称为非正视眼。

3.调节范围。即远点和近点之间的范围。所谓远点,是指当眼球处于自然放松状态而无任何调节时,能在视网膜上成清晰像的共轭物点位置,正常眼的远点在无穷远处,近视眼

的远点 r 则在眼前一定距离(图 2-11)。近点 p 为在眼睛处于极限调节时能在视网膜上成清晰像的共轭物点位置(图 2-12)。不同年龄、不同眼疾患者,远点、近点将有一定的变化,如儿童可以在离书本很近处看清字符,而中老年人则需离开书本较远距离,才能认清文字。

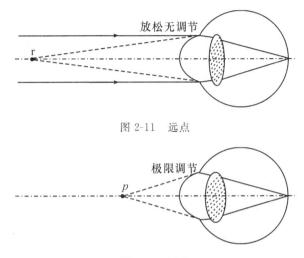

图 2-11　远点

图 2-12　近点

4.调节程度。最初的屈光状态与随后的屈光状态之差,即某一时刻所进行的调节幅度。调节程度是以屈光度表示的,调节范围则以距离来表示。若距离以米为单位,其倒数即为屈光度。屈光度通常用 D 来表示。如远点距离刚好 1m,则屈光度为 1D。

眼睛从远点调节至近点的调节程度亦称人眼的调节力。因此,我们可以认为,调节程度或调节幅度反映了人眼的调节能力。

设 r 为远点距(单位为 m),R 为注视远点时的屈光度(单位为 D);设 p 为近点距,P 为注视近点时的屈光度;a 表示调节范围,A 为调节程度,则有:$a=r-p$,或 $A=1/p-1/r=P-R$。

例如一正常眼,当调节到 20cm 处时,其调节程度是多少? 由于正常眼的远点在无穷远,即 $R=\infty$。当调节到 20cm 处时,$P=100/20=5D,A=5-0=5D$。也就是说,此时调节程度是 5D。

2.5　眼的调节及信息处理机制

2.5.1　调节现象

平时我们通过玻璃窗看远景时,能清晰地看到远景,如果玻璃窗上有污点,眼睛经过调节后也能看到,但两者必居其一,要么看清远景,要么看清玻璃上的污点,反之亦然。眼睛能注视近物和远景的机能就是调节。

可以用双针孔实验证明人眼的调节现象是确实存在的(图 2-13)。图中 O 为远处的一个物体,挡板 D 上有两个小孔 A 和 B 作为光阑,两个小孔的间距约为 2mm,两个小孔的直径和它们的间距之和不大于瞳孔直径。将一枚针放在 10cm 远处,当眼睛注视针时,可以看到一个清晰的像,如把眼睛注视针的远处或近处,则可以看到两个模糊像。这就从几何光学的角度证明了眼球确实存在一个可控制屈光系统的调节机构。这种证明眼睛调节存在的实验方法,后来经过改进应用于验光,以检测眼睛调节放松的程度,这种方法常称为针孔验影法。

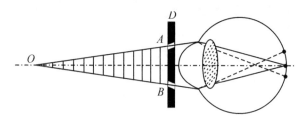

图 2-13　针孔法实验

正常眼能看清任何距离的物体,就是依靠眼睛所具有调节的功能,使远处或近处的物体清晰地成像于视网膜上,否则,眼睛就只能看清某一固定距离的景物,而对其他距离的物体则只能在视网膜上成一弥散像。

从几何光学的基本原理可知,若要对不同距离的物体均成像于一固定的面上,其方法只能是移动镜头、移动成像面的位置或改变镜头本身的焦距。从各种动物眼球的解剖过程中发现,有些软体动物(如海豹)可使视网膜后移,有些鱼类可使晶状体向前移动,而有些鸟类可采用改变角膜的曲率等方法来获得不同距离的物体的清晰视网膜像。人类眼睛的晶状体和视网膜都不能位移,而是通过改变晶状体的曲率来达到调节的目的,这已为解剖学和物理学实验所验证。

2.5.2　调节的生理学机制

尽管我们知道人眼是通过改变晶状体的形状来完成调节,但对如何使晶状体形状发生变化的机制众说纷纭,至今仍有争议。

在眼球中使光线发生曲折的光学元件主要有角膜和晶状体,但角膜的曲率半径是不会变化的,因而晶状体的曲率半径的变化是调节的主要特征,这种曲率变化尤其是表现在晶状体的前表面。

晶状体外面的晶状体囊是有弹性的。晶状体在静止状态时前表面的曲率半径约10mm,后表面的曲率半径约为 6mm,晶状体的赤道部与晶状体的悬韧带相连,而悬韧带的周围是睫状体和睫状肌。对人眼调节机制的生理学说主要有以下几种:

亥姆赫兹认为,晶状体是有弹性的,在正常状况时,悬韧带处于收缩(拉紧)状态,使晶状体呈扁平状;在调节时,睫状肌收缩减小睫状体的环形直径,这样悬韧带处于放松状态,而晶状体根据本身的弹性向外凸出,更呈球形,以致晶状体的形状发生变化,以此改变晶状体的曲率半径。晶状体的厚度最大变化大约不超过 0.5mm,这种学说一般称之为亥姆赫兹弹性学说。

契尔宁(Tscherning)则认为,晶状体在调节时,前面并非一个球形面,而是一个双曲面形状。他假设由于睫状肌收缩而拉紧了悬韧带,这样使晶状体的外膜变得紧张,因而压迫晶状体的皮质,并使它紧压在玻璃体上,由玻璃体的反作用使晶状体的中央最薄处向前凸出,由于这两种学说都不能完善地解释所有的调节现象,因此又提出了其他的调节机制学说。

古尔斯特兰德基本上支持亥姆赫兹学说,但他认为调节的机制不能排除其他因素的存在。芬希姆(Fincham)则认为晶状体是没有弹性的,但晶状体的薄膜是有弹性的,悬韧带的放松和拉紧,实际上是拉紧或放松晶状体的囊膜。在正常状态,膜和悬韧带都是拉紧的,在调节时两者都放松,另外,由于晶状体赤道部厚,中央薄,因此在放松时,晶状体向两极凸出,但在后极受到玻璃体的限制,因而只能特别向前凸出。当然,还有其他调节机制的学说,但不论是何种学说,基本上都是认为,眼睛的调节是借助于睫状肌和悬韧带的联合动作,改变晶状体的形状和曲率半径,从而使光线曲折程度发生相应的改变。各种学说之间的差异无非是在细微之处看法不一致而已。

2.5.3　调节时的信息处理机制

眼的调节机制与眼球的运动、瞳孔的调节等功能互相配合及协调,它们对在视网膜上形成清晰的像并保持像的稳定,起着至关重要的作用。视觉的这种调节原理和功能,对于工程应用也有重要的借鉴意义。例如,照相机、摄像机等需要采用相似的对焦方法实现对景物的快速有效调焦;机器人的视觉必须拥有相同的调焦系统,才能从广阔的视野中正确辨认目标。

在视觉系统中,误差信号对焦点调节起着重要作用。所谓误差信号,是指视觉目标与眼的注视点之间的相对位置差异,通常以屈光度表示。图 2-14 给出了单眼视觉时的调节机制框图。当视觉目标与注视点存在误差时,目标在视网膜上的像会出现弥散。中枢神经系统会根据像质的好坏及相应的评价函数来计算出误差信号的大小。基于这一误差信号,睫状神经产生脉冲控制信号使睫状体收缩或放松,使晶状体曲率变平(向更远处调节,屈光力减弱)或变凸(向更近处调节,屈光力增加)。晶状体的这种屈光力变化,使眼睛的注视点向着视觉目标移动,以不断修正误差信号,直至误差信号为零,即获得清晰的视网膜像。

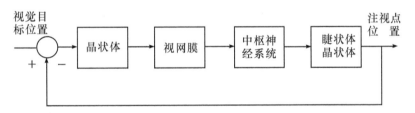

图 2-14　人眼的调节机制框图

人眼的上述调节信息处理机制,其实质与当今最先进的数码照相机的自动对焦原理相一致,只是人眼调节过程更加快速高效,更具智能化。例如,采用对焦深度法或离焦深度法的数码照相机,要实现一次完整的对焦一般需要经过几次反复,对焦时间在一秒至数秒钟之间,取决于数字信号处理的运算时间及电机的响应时间等因素,而人眼的任何一次对焦几乎都在瞬间完成。还需指出的是,即使最先进的数码相机,对玻璃窗外的物体、百叶窗、太暗淡的景物、太亮的景物、本身闪光的目标等,都可能对焦失败,而人眼的对焦过程几乎丝毫不受这些问题的影响。

当人眼完成对目标的调焦后,眼球光学系统并不是就此完全稳定或固定了。对运动变化的目标自不必说,即使对静止的目标,晶状体的屈光力仍会以振幅约 0.5D、频率约 2~3Hz 作微小波动,称为调节微波动。有些研究者认为微波动的数值为平均振幅约 0.1D、频率约 0~5Hz。调节微波动的存在,其主要作用应该是通过不断的微小修正,使视觉系统能够始终保持对目标的清晰成像。另一方面,它也会带来一些特殊的视觉现象,特别是当我们观看一些密集的周期性图案或辐射状图案时,往往会造成视觉不稳定,这也正是造成图 1-2 的视觉不稳定图案的一个主要原因。

2.5.4　调节与辐辏

在观察某一目标时,一方面需要通过晶状体的调节作用将它清晰成像在视网膜上,在此之前,双眼视轴其实还需要同时转动,以便将视线集合到注视目标上。这便是双眼视轴的辐辏。

1. 辐辏

双眼注视近物时,两个眼球同时向内转动,使双眼视轴集合于注视点的过程,即称之为辐辏或集合。辐辏主要是由双眼的内直肌作用完成的。

双眼所能看清最近距离的那一点,称为辐辏近点,而看清最远距离的那一点,则称为辐辏远点。两者之间的距离,称为辐辏范围,双眼视轴的夹角称为辐辏角。

当双眼注视眼前 1m 距离的物体时,需调节 1D,其辐辏角为 1 米角(图 2-15),换算成角度约为 $3°44'$。同理,距离 0.5m 时辐辏角为 $7°26'$,10m 时为 $22'34''$。

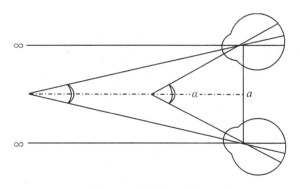

图 2-15　辐辏与辐辏角

2. 辐辏与调节的关系

辐辏具有由最大到最小的一个限度,这个限度与调节力的限度有着密切关系。但辐辏和调节力尚有不同之处,那就是最大辐辏不随年龄而变化。辐辏和调节之间存在着某种关系,这种关系在正常情况下无任何表现,当这种关系发生异常变化或被破坏时,则出现眩晕、头痛和眼肌疲劳等症状,有时形成共同内斜视或外斜视。

当正视眼双眼注视眼前 200mm 处的物体时,使用辐辏为 1000/200＝5 米角,显性调节力为 1000/200＝5D。远视眼的辐辏力恒小于显性调节力,远视度数愈大,看近时显性调节力也愈大,其辐辏力与显性调节力相差也愈大,如 2 度远视眼的辐辏近点在眼前 300mm,其辐辏为 1000/300＝3.33 米角。

远视眼由于使用高度的调节力同时促使用过度的辐辏,便产生共同性内斜视,常见于儿童。近视眼的辐辏力恒大于显性调节力,近视度数越大,使用的显性调节力越小,其辐辏与显性调节力相差越大,当近视度数大到一定限度,则显性调节力等于零,即不使用调节力,这样,近视眼由于不大需要调节或不使用调节,产生辐辏不足,久而久之便引起共同性外斜视。

3. 辐辏的要素

辐辏的要素分为调节性辐辏、融像性辐辏、接近性辐辏和紧张性辐辏等。当眼睛进行调节时所伴随发生的辐辏,称调节性辐辏,调节与辐辏常同时发生。由融像所引起的辐辏,称融像性辐辏。调节性辐辏即在同一个人眼上也不稳定,有时不足,有时过度,融像性辐辏则可弥补其不足或过度。接近性辐辏是指将远处物体向近处移动时而引起的辐辏。紧张性辐辏由上述辐辏之外的其他尚残留辐辏的总和部分。

4. 人眼的近响应

人眼在观察近处目标时,辐辏、调节和缩瞳三者同步联动的生理反射或效应,称为人眼的近响应。利用近响应效应,可以借助于散瞳或散开视轴的方法间接地使眼睛的调节放松,据此锻炼晶状体的调节能力,从而达到治疗假性近视,预防真性近视的目的。

2.5.5　调节中的几个特殊问题

人眼调节中的特殊问题包括夜近视、空视场近视和仪器近视等。

夜近视是指在夜间或暗光下,即使正常眼也变得相对近视。夜近视现象最早在 1883 年由 Rayleigh 发现,后来 Otero 和 Wald 等人对夜近视都作出了独立研究。一般认为夜近视地数值在$-1.5\sim-2.0$D 之间,个别可达$-3.0\sim-4.0$D。

关于夜近视的生理机制的解释,主要有如下理论或假设。

1. 球差——瞳孔效应。该假设认为,眼睛光学系统的晶状体相当于一个球差校正不足的单透镜,其边缘部分相对于中间部分是近视的。在白天光照较强时,瞳孔缩小,限制了边缘部分的光线进入眼球,而只有中央部分光线参与成像。此时球差影响并不突出,因此眼球处于正常的屈光状态。当处于微弱光照的环境中时,人眼瞳孔放大,通过晶状体边缘部分的光线参与成像并其主导作用,球差的影响成为主要趋势,由此产生夜近视。

2. 色差——浦肯野效应。这一假设指出,正常眼的屈光正常仅是对黄光而言的,而当处于比黄光波长短的光照下时却是近视的。稍后我们会知道,人眼从明视觉到暗视觉过渡,其实质是视网膜感光细胞由视锥细胞过渡到视杆细胞,相应的感光光谱灵敏度向短波长方向移动,即浦肯野效应。此时眼睛对蓝绿光敏感,而它对蓝绿光却是近视的。这样在暗光环境下,由于色差和浦肯野效应的共同作用,使人眼产生了相对近视。

3. 暗适应理论。该理论基于这样的事实:夜近视只出现于暗适应后二十分钟,而且无晶状体眼没有夜近视,因此认为,人眼晶状体的暗适应与夜近视有密切联系。

除此之外,对于夜近视的生理机制的解释,尚有微光下调节理论与晶状体微位移理论等。但所有这些假设,都不能完整地阐明夜近视地视觉生理机制。

空视场近视(或高空近视)是指在视野中没有刺激目标时,正常眼变得相对近视。而仪器近视是指在强光下观察光学仪器时,正常眼变得相对近视。

经过对夜近视、空视场近视和仪器近视的系统实验研究,我们发现这些特殊问题可以在暗焦(Dark focus)理论的基础上得到统一解释。暗焦理论认为,人眼在无视觉刺激而完全放松时,比如说睡着时,晶状体并不是调焦在无穷远处,而是调焦在眼前一定距离。在微光下、高空中和强光下,视野中几乎不存在视觉刺激目标,晶状体没有感兴趣的目标可供调焦观察,因此自然处于暗焦状态,此即调节中的特殊现象的起因。

2.6 屈光不正的类型及矫正

在视觉光学中,通常将 5m 以外的距离作为无穷远,将来自 5m 以远的物体的光线看作平行光。在眼睛放松无调节时,来自 5m 远外的物体的光线,经过眼球光学系统折射后,聚焦在视网膜上而形成清晰的像,具有这种屈光状态的眼称为正视眼或正常眼。反之,在眼睛放松无调节时,来自 5m 远外物体的光线,不能聚焦在视网膜上形成清晰的像,即为非正视眼或异常眼,也称屈光不正。

正视眼既可以对远处的景物成清晰像,也可以对近处的目标成清晰像,如图 2-16 所示。看远景时,晶状体放松无调节;看近物体时,晶状体有调节,以使光线能聚焦在视网膜上成清晰像。

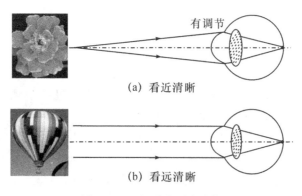

(a) 看近清晰

(b) 看远清晰

图 2-16 正视眼的屈光成像

屈光不正有远视、近视及散光三大类,其产生原因多种多样。由于眼球的屈光能力和眼球前后轴长度不相适应所产生的屈光不正称为轴性非正视眼。如眼轴过长,即造成轴性近视,如眼轴过短,则产生轴性远视。而由于眼球屈光力太强或太弱所造成的屈光不正称为屈光性非正视眼。除上述因素外,引起屈光不正的原因还有:(1)屈光系统中元件曲率变化,如角膜、晶状体表面的曲率太小、太大或呈非球面形状,若曲率太小造成曲率性远视,反之曲率太大形成曲率性近视、角膜曲率的不规则则形成散光;(2)屈光系统元件的位置发生变化。如晶状体位置偏斜会形成散光;(3)房水、晶状体、角膜或玻璃体等折射率发生变化,也要导致非正视;(4)屈光系统中缺少某个元件,如后天性无晶状体眼(白内障患者将晶状体摘除)形成的高度远视;(5)晶状体硬化、无弹性,由于晶状体无弹性、近点远移、看近不清楚而形成老视;(6)屈光参差,两只眼的屈光程度不相等称为屈光参差,轻度的屈光参差是较常见的,一般不影响视力,高度的屈光参差,使两眼的视网膜像大小相差过大就不能融合,这样就不能形成双眼单视。

2.6.1 远视眼(Hypermetropia)

眼睛放松无调节时,5 米以外物体的平行光线经过眼球光学系统折射后所成的焦点位于视网膜的后面(图 2-17),称为远视眼。此时在视网膜上形成一个弥散圆,所以在视网膜上不能形成清晰的像。

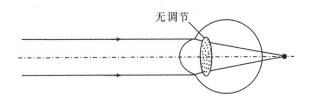

图 2-17　远视眼的静态屈光

当然,眼球内的晶状体具有调节作用,在晶状体紧张而有调节时,平行光线仍可以聚焦在视网膜上而形成清晰的像,但对于来自近处目标的发散光线则不能清晰聚焦成像。因此远视眼表现为看远清楚,看近模糊的症状(图 2-18)。

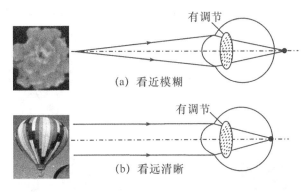

图 2-18　远视眼的屈光成像

对远视眼而言,在不作调节时,如果要使平行光线在视网膜上形成焦点,应将平行光线在未进入眼球前先进行适当的会聚。同样,在看近物时,即使晶状体进行调节,景物的像面仍然在视网膜后,也就是说晶状体的调节能力或屈光能力不足。为了弥补这一不足,可在眼睛前面放置适度的凸透镜镜片,使光线在未进入眼球前先进行一定量的会聚,以使像面正好落在视网膜上,获得清晰的景物像。归结起来,远视眼的矫正需要佩戴凸透镜,参见图 2-19。

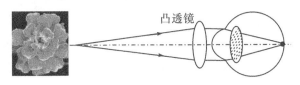

图 2-19　远视眼的矫正

远视眼的产生原因,一般是由于眼球比正常眼小,眼球的前后轴较短,尤其是患高度远视眼的眼球更为明显。此外,还有一些较少见的远视眼,如角膜的曲率半径过大所致的曲率性远视,即角膜过于扁平;因屈光介质的屈光指数异常而造成的屈光指数性远视;以及手术后或外伤后的无晶体眼等。轻度的远视,在青少年时期,由于其调节能力强,远视力及近视力一般尚能维持正常,因此可以无视力减退。患高度远视者,视力均有不同程度减退,而且容易出现眼疲劳。主要症状有:眼球或眼眶隐痛,尤其看近物时间过久,有流泪、怕光,甚至出现复视。此外也可有眩晕等症状。这是由于远视眼无论看远看近都需要调节,尤其是看近时,更需要强烈的睫状肌收缩。患高度远视的青少年,往往由于远视力不良,而且经常过度运用调节,在超过其调节功能补偿能力下,远视眼患者常不自觉地将读物向近处移位,促使目标在视网膜上形成较大的像,来补偿视物不清,临床上看来酷似近视,此称为"伪近视"。

有些患轻度远视的青少年,随着年龄的增长,远视屈光有所改善,则可不再戴镜矫正,成年人患轻度远视,而且远、近视力尚好,又无眼疲劳症状者,无需矫正。

2.6.2 近视眼(Myopia)

在眼睛放松无调节时,5m 以外的平行光线经眼球光学系统屈光后,所成焦点在视网膜之前,称为近视眼(图 2-20)。同样,此时在视网膜上形成一个弥散圆,造成视力模糊。前文已经指出,近视眼的远点在眼前一定距离,对于来自远点以内的近目标的发散光线,近视眼却有较好的适应能力,能够在视网膜上形成清晰的像。这样,近视眼表现为看近清楚,看远模糊的症状(图 2-21)。一般把 $-3.0D$ 以下的近视眼称为轻度近视,$-3.0\sim-6.0D$ 为中度近视,$-6.00D$ 以上为高度近视,有些近视甚至可高达 $-20.0D$ 以上。

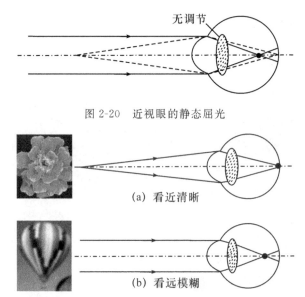

图 2-20 近视眼的静态屈光

(a) 看近清晰

(b) 看远模糊

图 2-21 近视眼的屈光成像

常见的近视眼有轴性近视和屈光性近视两大类。轴性近视是因为眼球的前后轴过长造成的,一般在 $-6.0D$ 以下,眼球轴长的变异较轻;$-6.0D$ 以上的高度近视则其眼球前后轴明显加长,这种近视往往从幼儿及青少年时期即开始,直到成年不断加重,也称为进行性或病理性近视。轴性近视的起因主要和发育、遗传有一定关系。由晶状体的屈光能力改变而造成的近视称为屈光性近视。这类近视的起因,除了患者本身体质的内在因素外,也和学校及家庭环境中的一些不合理的外在因素有关,例如教室的自然采光、灯光照明、坐姿、过度用眼及用眼卫生习惯不良等。

由于近视眼不能使平行光线聚焦在视网膜上,只有发散的光线能在其视网膜上产生清晰的焦点。因此,近视眼的矫正需要佩戴凹透镜(图 2-22)。

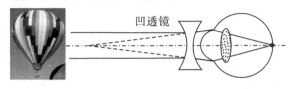

图 2-22 近视眼的矫正

近视的程度越高,其远点越近,只有很近的目标才能看清楚。另外,近视眼的特征是看远物模糊,而看近物清楚,致使调节作用长期处于松弛状态。但看近物必须加强两眼的辐辏,而调节作用又需要松弛,造成两者之间的矛盾。在这种矛盾的结果下,两者间正常的生理性反射关系失去平衡,从而导致辐辏减弱,引起外隐斜,甚至成为外斜视。

高度的轴性近视,由于眼球矢状轴过长,外貌上酷似眼球向前突出,有时也特称假性眼球突出。

幼儿及青少年的近视患者应及时配镜矫正,完全矫正所患的近视度数,而且要经常配戴。这样做既能使病人保持清晰的视力,而且还能维持正常的调节作用。对较高度近视的成年人,由于其调节作用习惯于松弛状态,调节功能会有所减退,配镜时可按其应有度数适当予以减低,这样才便于患者适应看近。高度近视可试配角膜接触镜矫正。

近视眼多出现于生长发育期的学龄儿童或青少年,虽然近视的发生有一定的遗传因素,但不可忽视外因对其的影响。近视眼的预防措施主要包括:室内应有良好的照明,不要在光线暗弱或阳光直射下看书写字;连续阅读时间不要过长,以一小时左右为宜,然后应当远眺休息或进行户外活动,使眼及全身得到休息,被视物要避免反射光等。

2.6.3　散光眼(Astigmatism)

如果眼球在不同的经线上的屈光状态或屈光度不一致,则光线经过眼球的不同经线后就不能聚合成一个焦点。这种屈光不正状态称为散光。散光的最常见原因是由于角膜各经线的曲率半径大小不一致,通常以水平及垂直两个主经线的曲率半径差别最大。晶状体虽然也可以产生散光,但不是主要原因。临床上一般分为规则散光及不规则散光两种。

1.规则散光。这种散光是指角膜各经线曲率半径大小不同,但具有一定规律。在角膜的主经线上,一个主经线的曲率半径最小,即屈光力最强,而与此经线垂直的另一主经线的曲率半径则最大,屈光力最弱,当平行光线通过两个主经线后不能形成一个焦点,而是形成一条焦线,类似于几何光学中像散的形成过程。临床上规则散光可分五种:

(1)单纯近视散光。眼球的一个主经线为正视,另一主经线为近视。

(2)单纯远视散光。眼球的一个主经线为正视,另一主经线为远视。

(3)复性近视散光。眼球的两个主经线都是近视,但近视的度数不同。

(4)复性远视散光。眼球的两个主经线都是远视,但远视的度数不同。

(5)混合散光。即眼球的一个主经线为近视,另一主经线为远视。

2.不规则散光。当眼球的屈光状态不但各经线的屈光力不相同,同时在同一个经线的不同部位的屈光力也各不相同,没有规律可循,称为不规则散光。其原因往往是由于角膜损伤或病变造成的角膜屈光面高低不平所致,或者因晶状体外伤、病变、溃疡所致。

规则散光可配戴圆柱透镜矫正。一般需将圆柱镜与近视镜或远视镜制作成一体。对于高度不规则的散光,较理想的矫正方法是戴角膜接触镜。但角膜接触镜也有其本身的缺点,一些病人患者因戴接触镜出现异物感而发生角膜水肿及局部浑浊,甚至角膜感染,因此临床应用时要有一定的选择。圆锥角膜、无晶状体(尤其是对单眼无晶状体),由角膜病变所引起的不规则散光、高度近视等,以及由于某些职业上的特殊要求,如演员,运动员等,可以配戴角膜接触镜。

2.6.4 老视

随着年龄的增长,晶状体核逐渐硬化,使晶状体的弹性逐渐减低及睫状肌衰弱,眼睛的调节作用也随之减退,在阅读或看近目标时感觉困难,视力模糊。这种由于年龄增长所致的生理性的调节减弱,称为老视。

老视的表现症状基本类似于远视眼,可用凸透镜来矫正或补偿其调节作用之不足,配镜的度数视年龄及老视的程度而定。

2.6.5 无晶体眼

晶状体在眼球光学系统中具有屈光作用和较大的调节作用。当眼睛受到外伤或患白内障等疾病时,需经手术将晶状体摘除,这种失去晶状体的眼球,称之为无晶体眼。无晶体眼的屈光力大大降低,一般在 10～11D 之间。无晶体眼在配戴眼镜时需按其原来的屈光情况进行增减。

无晶体眼可分为正视性无晶体眼和非正视无晶体眼。前者在有晶体时是正视眼,后者在有晶体时是非正视眼,它又包括近视无晶体眼和远视无晶体眼等。如手术前是高度近视,手术后可变为近视、正视或远视;手术前是正视眼,手术后变成远视;手术前是远视,手术后可变成大于正视性无晶体眼的屈光度数的远视。双眼无晶体眼可配戴普通眼镜,单眼无晶体眼可配戴接触眼镜,这样可避免无晶体眼需配戴高度近视镜片,与另一正常眼形成双眼屈光参差而无法形成双眼单视。

2.7 屈光不正的检查

屈光不正的检查,除了验光测试等方法外,通常采用视力表检查法来实现。视力的检查分为远视力和近视力检查两大类。远视力检查指的是检查处于静止屈光(放松无调节)状态下的眼睛的视力,近视力检查则是指检查处于动态屈光(有调节)状态下的眼睛的视力。相应地,视力表有远视力表和近视力表之分,前者受试者离视力表的检查距离为 5m,后者为 0.3m。

2.7.1 视力表的设计

视力表征了人眼分辨物体细节的能力。在良好的照明及最佳的瞳孔直径时,人眼的极限分辨角约为 1 分,对应于视力 1.0。视力表的视标设计正是以 1 分视角为出发点的。

现在来计算一下 1 分视角的视网膜像有多大。由表 2-3 的简化眼参数可知,自节点至视网膜的距离约为 15mm,因此 1 分视角的物体在视网膜上的像的大小 L 为:

$$L = 15 \times 10^3 \times \pi/(180 \times 60) = 4.38 \ \mu m$$

根据统计计算,在视网膜黄斑区的视锥细胞直径约在 2～7μm 之间。也就是说,1 分视角的视网膜像的大小,大致等于视锥细胞的平均大小。这也反过来说明了为什么正常眼的视力总是在 1 分视角左右,在生理学上,这是由视细胞的直径决定的。当然,对于某些超高视力者,如视力超过 2.0(30″)、4.0(15″)甚至 6.0(10″)的眼睛,视细胞直径决定视力的观点就不能完全成立。

　　有意思的是，从光学的角度计算所得的人眼极限分辨率（视力）也是 1 分视角。可见人眼的眼球光学系统与生理学系统是有机统一的，人眼总是以最优化的结构及参数来实现最佳的功能，这也正是视觉系统结构和功能的一般逻辑。

　　1. 视力表的视标设计

　　视力表的视标主要有 E 字形和 C 字形两种，另有苹果形、香蕉形、箭头形、手形等视标（图 2-23），后几种主要是为了适应儿童或农村地区受教育程度不同的各层次受试者的需要。但最常用和最普及的还是 E 字形视标。

图 2-23　视力表的视标形式

　　由 E 字形视标构成的视力表是 Snellen 于 1862 年设计并推广使用的，之后 Landolt 在 1909 年创造了 C 字形视力表，因此 C 字形视标也称为 Landolt 环。

　　无论采用 E 字形还是 C 字形视标，对应于标准视力 1.0，字形的缺口尺寸均为 1 分视角，而整个字形的边长或直径是缺口的 5 倍，参见图 2-23。对远视力而言，不论哪一种视标，测试距离都是 5m。

　　根据 1 分视角和 5m 距离，可以计算出对应标准视力的那一行 E 字形或 C 字形的缺口尺寸 D，有：$D = 5000 \times 1 \times \pi / (180 \times 60) = 1.454$ mm。

　　2. 远视力表的设计

　　视力表通常由十多行视标组成，自上而下视力从 0.1 到 2.0 依次递增，每一行的视标数从 1 个到 8 个不等，字形的缺口应随机排列，以减小受试者背诵记忆的可能性。为简洁起见，图 2-24 给出了一张由 7 行视标组成的视力表的例子。

　　E 字形视力表又称为国际标准视力表。最早其视力值由小数表示，如 0.1、0.2、0.3、0.4、0.5、0.6、0.8、1.0、1.2 等，视力 1.0 的视标缺口大小为 1.454mm，据此可换算出每一行视标的缺口大小，如 0.1 的视标缺口为 1.454mm/0.1 = 14.54mm，0.4 的视标缺口为 1.454mm/0.4 = 3.636mm，以此类推。

　　需要指出，以小数表示视力时，视力表中的相邻两行视力的级差比值是不同的，以图 2-24 视力表为例，相邻的 0.3 与 0.2 的级差值是 1.5，而 0.6 与 0.5 的级差为 1.2，如此等等。一方面，这造成了视标设置的不均匀；另一方面造成视力统计和比较的困难。例如 0.2 与 0.1 视力相差为 0.1，1.0 与 0.9 视力相差也为 0.1，同样是相差 0.1，但所代表的视力差别并不相同，而且相差很大。

　　为了解决这一问题，我国眼科学家缪天荣教授于 1959 年设计创造了一种新型的视力表——5 分制对数视力表。该视力表也是以 1 分视角代表标准视力 1.0，采用 E 字形视标，远视力的检查距离为 5m，近视力的检查距离为 0.3m。每相邻两行视标的级差值相同，均为 $K = 10^{1/10} = 1.258926$。由于 $\log K = 1/10 = 0.1$，所以视角每增加 1.2589 倍，视力记录减小

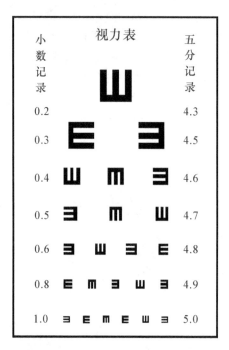

图 2-24　E 字形视力表

0.1。这样每一行视标的视力相差均为 0.1,10 行相差 1.0。这种视力表的视标是按几何级数递增的,视力按算术级数递减,符合视觉生理的要求,使用也更为方便。

2.7.2　视力检查的条件

　　为了正确地测定人眼的视力,并使检查结果具有客观性、可比性,在检查视力时必须严格遵循统一的测试条件。包括:

　　(1)一定的测试距离。远视力的测试距离通常为 5m,近视力为 0.3m。

　　(2)一定的光照强度。视力表的光照强弱对视力的高低有较大影响,光照太强与光照太弱时视力都会降低。一般而言,视力表上的光照强度应保持在 350~650Lux(勒克斯)之间。

　　(3)一定时间。受试者对每个视标的辨认时间不得超过 2~3 秒。

　　(4)单独辨认,不能暗示和记忆。

第三章

视觉神经生理学系统

3.1 人和动物的眼睛概述

世界上所有动物的眼睛,都同时具备光学系统和神经生理学系统两大部分的结构及功能。尽管如此,不同动物的眼睛的生理学结构各不相同,有些还差别甚大。如许多低等动物的眼睛,实际上只是一些简单的光感受器和光电转换器;蜜蜂、苍蝇、蚊子、蚂蚁等昆虫的眼睛,虽然已经具备两边各一只的双眼对称结构,但它们对目标的大小、远近、运动的速度和方向等信息的检测,并不依靠双眼视觉的协同作用,而主要靠其复眼中的小眼阵列所获得的信息整合来实现。如图 3-1 所示为蚊子的复眼结构,与之类似,多数昆虫的每只眼睛都包含相当数量的复眼(小眼),每只小眼一般由角膜晶体、晶体柱、杆状体和感觉细胞等组成,但小眼的光学系统不具备调焦功能。昆虫双眼(复眼)的这些结构和功能,与人眼的双眼结构及功能并不相同。

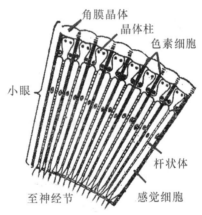

图 3-1 蚊子的复眼与复眼解剖结构示意图

某些物种的蜘蛛有多只眼睛(图 3-2),这种结构不同于昆虫的复眼,而更接近于宏观意义上的眼睛。但严格而言,除了最前面的两只眼睛作为常规的双眼外,蜘蛛的其他"眼睛",实际也只是光感受器。除了像蜘蛛这样的少数几种动物有多只眼睛外,稍高级的动物的眼睛几乎都进化成双眼,而高等动物全部具有双眼结构。人眼的结构酷似一架高级数码照相机,其晶状体可以调焦,是通过改变晶状体表面特别是前表面的曲率而实现的。在前面章节中,我们已经就由角膜、房水、(瞳孔)、晶状体和玻璃体构成的视觉光学系统及其屈光学展开讨论。人眼的光学系统将外界的光信息折射成像到视网膜上,只是完成了视觉过程的第一步，所形成的像只是对外界景物的客观反映，即光学像，见图 3-3。而完整的视知觉过程，还必须由从视网膜至大脑视皮层的视觉神经生理学系统来实现。视觉神经生理学系统将这些信息进行综合处理，最终形成心理像，即产生视知觉。这其中，视网膜起着至关重要的承上启下的作用，它既是视觉光学系统的终点，又是视觉神经生理学系统的起点。视网膜将光学像所蕴含的光信息接收转换成生物电信号或神经冲动，再逐级传递到大脑视皮层，由大脑完成对这些信息的综合处理。本章着重介绍从视网膜至大脑视皮层的视觉神经生理学系统的结构和功能。

图 3-2　某种蜘蛛的眼睛

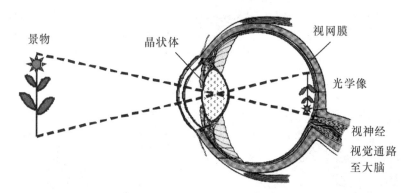

图 3-3　人眼的结构及成像功能

3.2　视网膜的结构

视网膜是把来自外界的光信息接收转换为电信号，并把电信号传递给大脑皮层视觉中枢的重要接收器与处理器，它不仅能感知光的强度，而且能感知颜色。

3.2.1　视网膜的外观

视网膜处于眼球壁的最内层，作为感光部分，主要是指锯齿缘以后的部分（参见图 3-3）。视网膜为网状结构，其厚度约为 0.1～0.5mm，平均厚度为 0.3mm。

从瞳孔方向看进去，在视网膜上离光轴偏颞侧 5°视角处，有一个直径约为 2～3mm 的黄色区域，称为黄斑。黄斑中央有一个下陷部分，其外径约为 1.5mm，下陷底部直径约 0.3～0.4mm。这个部分就是中央凹（图 3-4）。中央凹区域相应的视角为 1°20′，为人眼视力最灵敏的部分,即视敏度最高处。该区域能够精确地分辨物体的细节。

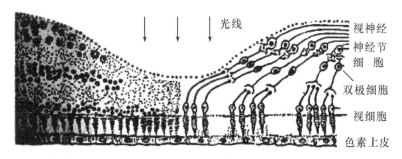

图 3-4　视网膜中央凹

以人的右眼为例,距中央凹靠鼻侧约 3~4mm 处,对应视角约 15.5°处,为视神经乳头,它是视神经和视网膜的中央动脉和静脉通向大脑的出口,见图 3-5。由于这个区域没有视细胞,不能产生视觉,在视野中对应一个盲区,即生理盲点。

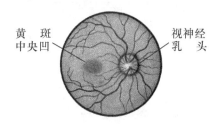

图 3-5　眼底及视网膜示意图

3.2.2　视网膜的生理结构

视网膜是眼球系统中唯一的感光层。人眼的视网膜虽然很薄,但从组织学上来分析,却有十层,其结构极为复杂。各层的结构和作用如下:

(1)色素上皮层。在视网膜的最外层,紧贴在脉络膜的内面,色素上皮层由单层多边形细胞组成,细胞内含有黑色素颗粒。细胞的突起插入视杆细胞和视锥细胞之间的空隙。当受强光照射时,色素颗粒进入突起内,使每个视细胞的突起均被色素颗粒所包围。外界光线减弱时,色素颗粒退居于多边形细胞内。因此,色素上皮层具有防止强光的过分刺激、光线扩散和避免视细胞间的相互干扰的作用。

(2)视细胞层。视细胞是感光细胞,分为视杆细胞(Rod)和视锥细胞(Cone)两种。这一层包括视杆细胞和视锥细胞的外段和内段。

(3)外界膜。一层无结构的薄膜,上面有许多小孔,视杆细胞和视锥细胞从孔中穿过。它起着一种支架的作用。

(4)外核层。由视杆细胞和视锥细胞的细胞体组成。视锥细胞的细胞核为卵圆形,靠近外界膜;视杆细胞核较小,为圆形,靠近外网状层。

(5)外网状层。由视杆细胞、视锥细胞、水平细胞和双极细胞构成。双极细胞有两个突起,一个粗短的突起为树突,与视细胞联系,另一个细长的为轴突,与神经节细胞相连,从而构成神经网络。因此,双极细胞是联络神经元。

(6)内核层。主要由双极细胞组成,另外还有水平细胞和无足细胞体。

（7）内网状层。由双极细胞的轴突、无足细胞的突起和神经节细胞的树突形成的神经网络构成。

（8）神经节细胞层。由神经节细胞体构成。神经节细胞体较大，呈梨形，它是多极神经元，神经节细胞的树突与双极细胞的神经联系。

（9）神经纤维层。由神经节细胞的轴突所组成的神经纤维构成，这些神经纤维束与视网膜表面相平行。

（10）内界膜。与玻璃体交界，是一层透明的薄膜。

由此可知，视网膜的内9层为感光层。它由三种神经元构成（图3-6）。第一神经元为视细胞层，它在最外层；第二神经元为双极细胞，其两极分别与视细胞和神经节细胞相连；第三神经元为神经节细胞，它在最内层，靠近玻璃体。神经节细胞的轴突在视网膜内面形成一层神经纤维。这些纤维汇集在视神经乳头，然后穿出巩膜形成视神经。

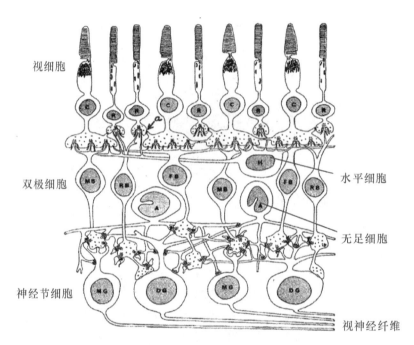

图 3-6　视网膜的神经细胞及其相互连接

3.2.3　视网膜的信息传递

整个视网膜由色素上皮层至内界膜共十层结构组成，内界膜与眼内容的玻璃体相交界。外界光线是通过角膜、房水、晶状体、玻璃体后到达视网膜的，光线通过视网膜时先经过内界膜、神经节细胞和双极细胞，之后才到达视细胞层。由于内界膜是一层透明的薄膜，而神经节细胞和双极细胞这两层也都是透明的，所以不妨碍光线入射而直达视细胞层，并汇集于色素上皮层。视细胞的外段顶端是向着脉络膜方向凸出的，并不是朝向入射光的方向，而视细胞的外段才是真正的感光部分。这样看来，整个视网膜似乎呈现出一种"倒长"的结构，即光线是最后到达视细胞层，视细胞的感光部分受光后形成冲动，再反过来经双极细胞传递至神经节细胞，最后由视神经通过视觉通路传递至大脑枕叶皮质层的视觉中枢而产生视觉，或者说，视网膜的信息传递采取的是"逆行"方式。视网膜细胞间的纵向连接是视细胞、双极细胞和神经节细胞,横向有水平细胞和无足细胞与它们连接。

3.2.4 视细胞结构

视细胞是一种光感受器,当它接收光后,会引起刺激和兴奋。视细胞一般以单层镶嵌在视网膜上,视细胞的形状呈细长形,人眼的视杆细胞端部呈杆状,其直径为 $2\sim4\mu m$,长 $60\sim80\mu m$;视锥细胞端部呈锥状,大小视其在视网膜上的区域不同而异,直径约 $2\sim7\mu m$,长度比视杆细胞稍短,约 $35\mu m$ 左右。通常中央凹的视锥细胞较细长,而视网膜周边部的则较粗短。

图 3-7 为视细胞的结构示意图。视细胞大致可分为四个部分,即外段、内段、核部和突触部,神经细胞之间的信息传递要通过突触进行。视杆细胞和视锥细胞在形态上的区别主要是其外段上的差异,视杆细胞的外段呈圆柱形,视锥细胞的外段为圆锥形。

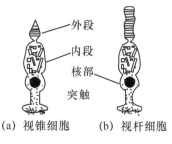

(a) 视锥细胞　　(b) 视杆细胞

图 3-7　视细胞结构示意图

视细胞的外段是感光部分,因此又称为光感受器。外段内含光敏色素,亦称视色素。它是氧化还原反应的酶系统。外段和内段之间由连续膜相连。

视细胞的核部由外连接纤维、细胞核和内连接纤维等组成。与内接纤维相连的是细胞的突触蒂,即视细胞的突触部,是视细胞与水平细胞及双极细胞构成突触联系的地方。

3.2.5 视细胞的分布及功能

视网膜上的视细胞不仅形状不同,它们在视网膜上的数量核分布也相差很大,而且对光强度的灵敏度和对颜色、细节的分辨能力均有差别。

每一只眼睛的视网膜中约有 700 万个视锥细胞和 1.2 亿个视杆细胞。它们在视网膜上的分布极不均匀,在视网膜的黄斑部和中央凹大约 3°视角范围内,几乎全部是视锥细胞,视杆细胞数量微乎其微,因此在中央凹处视锥细胞排列特别紧密,平均每平方毫米约有 $14\sim16$ 万个视锥细胞;在黄斑以外,视杆细胞的数量逐渐增加,而视锥细胞相应减少;在盲点鼻侧约 20°视角处和中央凹颞侧约 20°视角处视杆细胞最多,最多可达每平方毫米约 30 万个。生理盲点处既不存在视锥细胞、也不存在视杆细胞。由于这两种视细胞在视网膜上分布的不均匀性,视网膜上各部分的感觉特性相差甚大。

视锥细胞的分布决定了人眼的视敏度。中央凹处视敏度最高,在黄斑的边缘 2.5°的区域处,视敏度下降到 1/2,离中央凹 7.5°时下降为 1/4,离中央凹 40°~50°处,视敏度只有中央凹的 1/20,而在最边缘处只有中央凹视敏度的 1/40 左右。

视色素包括视紫红质和视紫蓝质两种,是根据其光谱敏感度的不同而区分的。通常视杆细胞的视色素为视紫红质,视锥细胞中的视色素为视紫蓝质。

正是由于不同类型的视细胞所含的视色素不同,其功能也相差甚大。视锥细胞对光不敏感,只能在强光下或在明亮的环境下,视锥细胞才能很好地分辨物体的细节,因此视锥细胞主要在白天使用,亦称为明视觉。视杆细胞则相反,对光特别敏感,其敏感性比视锥细胞强 500 倍左右,主要在晚间或微弱光线下起作用,故又称暗视觉。

除此之外,视锥细胞能够分辨颜色,而视杆细胞不能分辨颜色,这就是为什么在黑夜看物体时,物体呈现的是一片灰色。但是,视杆细胞有较强的察觉物体运动的能力。

有关视细胞的结构、数量、分布和功能的详细情况,将在第四章讨论。

3.3 视网膜的感光机制

从宏观上来看,视网膜内含有大量的视细胞,即感光细胞。感光细胞在受光线的作用后,引起光化学反应使感光物质分解,分解物刺激感光细胞本身,并使细胞膜超极化而产生神经冲动,然后通过视神经传到大脑枕叶而形成视觉。

从视神经的结构可知,视细胞中真正的感光物质是在位于其外段的视色素,以下进一步叙述视色素的光化学反应过程。

3.3.1 视色素的漂白和再生

早在 100 多年前,Kuhne 首次用胆盐从视网膜中提取出了视紫红质(视杆细胞中的视色素)。视紫红质在光照下可由紫红色逐渐变成黄色或灰白色,这就是视紫红质的漂白过程。视紫红质漂白的光化学反应过程是,由视黄醛(生色团)和视蛋白所组成的视色素在受光后,视黄醛进一步还原成维生素 A,维生素 A 被脂化贮存到视细胞外侧的色素上皮层中。当视色素处于黑暗中,视蛋白在维生素 A 参与下和视黄醛结合又生成为视色素,称为视色素的再生。

3.3.2 视色素的研究方法

由于视网膜上的视锥细胞体积甚小,目前很难从视锥细胞中直接提取视色素。因此,采用眼底分光光度法和显微分光光度法来对人或动物的视网膜进行研究,从而取得有关视锥细胞视色素的有价值资料。

1.眼底反射分光光度法

该方法的原理是,一束光线经眼球光学系统后入射至视网膜,除一部分光线损失外,通常另一部分光线两度被视色素吸收,在眼内的各种物质中,只有视色素在受光情况下漂白,因此只要分析视色素在被漂白前后反射光的变化,就能计算出视色素的色差光谱。

Rushton 等人采用这一方法测定了中央凹的视锥细胞特性。实验表明,正常眼视网膜的中央凹,至少包含两种视锥细胞视色素,一种吸收红光较多,即对红光较敏感;另一种则对绿光吸收较多,即对绿光较敏感。这说明在中央凹处至少存在两种含有不同视色素的视锥细胞,并为色觉功能打下了基础。

2.显微分光光度法

显微分光光度法是用来对单细胞进行定量研究的方法。它利用微光束研究活体细胞的光谱特性,其微光束极细,能测到小至 $0.5\mu m$ 区域的吸收光谱,目前已广泛地用于测量单个细胞,尤其是视锥细胞的视色素的光谱特性。

3.4 视觉通路

人的视觉系统包括视觉光学系统和视觉神经生理学系统两大部分。前者负责把外界的光信息清晰地传递成像到视网膜上,后者则负责将光信息接收转换成电信号,再通过视觉通路逐级传递到大脑视皮层而形成视觉。

视觉通路由视神经、视交叉、视束、外侧膝状体、视放射、视皮层组成,如图 3-8 所示。视觉通路的起点是所有神经节细胞的轴突构成的视神经,它们在视神经乳头处穿出眼球,左右两眼的视神经在视交叉处交叉后,到达间脑的外侧膝状体形成突触联系,外侧膝状体中的神经细胞的轴突,再形成放射达到大脑枕叶的视皮层(视区),这就是整个视觉系统的神经通路,严格而言,视网膜不属于视觉通路的范围。

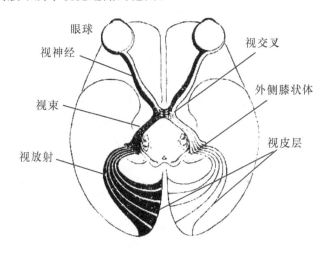

图 3-8 视觉通路

3.4.1 视觉形成的光学与生理学过程

从物体发射、反射或散射的光波,通过眼的光学系统成像于视网膜;由视细胞产生电信号,也即神经脉冲;神经脉冲经视觉通路的各个环节传递到大脑视皮层,产生物体的形状和颜色等视知觉。这一视觉信息的传递过程,可分为以下几个阶段。

第一阶段,来自物体的光线,以其光谱特性通过眼球光学系统后,传递至视网膜的视细胞层,此即眼球光学系统的成像过程,在视网膜上可获得清晰的倒立光学像。

第二阶段,视网膜的视细胞接收入射光后,神经细胞受到光刺激产生兴奋,并发出神经脉冲,神经脉冲通过神经通路传到大脑皮层。

在视网膜信息传递中已知,视网膜接收光信息后,其信息传递是逆行路线,即光线由视网膜的外界膜进入,通过透明的神经节细胞和双极细胞层,经过视细胞的外段,最后到达色素上皮层,然后反过来刺激视细胞而产生冲动,再经双极细胞传至神经节细胞。

在视网膜内对于信息处理有贡献的细胞,除了视细胞之外,还有水平细胞、无足细胞和神经节细胞,这些细胞彼此有复杂的突触联系。视网膜内的信息传递通路,除了由视细胞到双极细胞再到神经节细胞的纵向传递通路外,还有水平细胞和无足细胞所形成的横向联系。

视网膜的输出是通过神经节细胞的轴突传出的,人眼的神经节细胞的数量约为 100 万个,只有视细胞数量的 1% 以下,也就是说,每一个神经节细胞都综合了来自相当多的视细胞的信息。

第三阶段,双眼的视神经纤维汇集在视交叉(Optic chiasma)。视交叉位于蝶鞍之上,是两侧视神经交叉接合膨大部,略呈扁平的长方形,横径较大,被软脑膜包围。视交叉的纤维包括交叉和和不交叉的两组纤维。右眼视神经的一部分进入左眼视束(即从视交叉到外侧膝状体的那部分视神经),左眼视神经的一部分进入右眼视束。视交叉的规则是,来自左眼鼻侧(内侧)的半部分与右眼鼻侧的半部分相互交叉,而来自左眼和右眼颞侧(外侧)的另半部分视神经则不交叉。在这里,两部分神经纤维之间仅作排列的变换,而没有任何突触的联系。

人与其他动物的视交叉是不相同的。动物视神经交叉的情况与其视野大小有关,而视神经交叉的情况又与动物的进化有密切关系。若视神经完全不交叉,在大脑的像是分离的,实际上具有这种视神经通路的动物是没有的。视神经完全交叉的以低等动物居多,如鱼类、爬行类,因为它们的两眼分别在头的两侧,两眼共同视野极窄,彼此独立活动进行全景看视。随着逐渐进化,两眼向头前部移动,开始有一部分视神经不交叉。在高等动物中,交叉和非交叉的视神经大体各占一半,双眼共同视野增加。由此可见,视神经的情况与双眼共同视野大小关系甚密。这种视神经交叉的进化,不仅防止了因视网膜和视神经的损伤而造成的视觉缺损,而且因为能够对左右两眼视网膜的像进行比较,从而提高了检测高级视觉信息的能力,为立体视觉的形成打下了基础。

视交叉向后到外侧膝状体间的视路纤维称为视束(Optic tract)。每一视束包括来自同侧视网膜的不交叉纤维和对侧视网膜鼻侧的交叉纤维。不交叉纤维居视束的背外侧,交叉纤维居腹内侧,盘斑束纤维居中央,后渐移至背部。对左右两眼来说,各自均有交叉和未交叉的视神经汇集成视束传递到视觉通路的下一级。

第四阶段,重新排列的神经纤维在外侧膝状体(Lateral geniculate body)即在初级视中枢形成突触联系。在外侧膝状体中,盘斑束纤维居背部,视网膜上半部纤维居腹内侧,下半部纤维居腹外侧。视网膜的纤维经视神经、视交叉、视束终止于外侧膝状体的节细胞,换神经元后发出的纤维构成视放射(Optic radiation)。

第五阶段,由外侧膝状体发出的视放射,最后传递到大脑枕叶的视皮层或视中枢,与高级视神经中枢形成突触联系。高级视神经中枢称为大脑 17 区,即视区,大脑的 18 区和 19 区部分也参与视觉功能。

至此,视觉传导的整个过程才算完成,从视神经乳头穿过视网膜形成视神经直至到达大脑皮层视觉中枢形成视觉这一过程,的确是一个非常复杂的过程。

3.4.2　外侧膝状体

在整个视觉信息的传递过程中,外侧膝状体起着极其重要的作用。外侧膝状体是视觉的皮质下中枢,位于大脑脚的外侧,视丘枕的下外面,为间脑(后丘脑)的一部分,视觉信息在此进行中继转换。实际上,它不仅仅是视觉信息传导到大脑皮层的中继站,还有调整所通过的视觉信息并进行某些处理的作用。外侧膝状体中有抑制性神经元,也有大脑皮层来的离心神经纤维。

外侧膝状体左右各有一个。从两眼来的视神经纤维,鼻侧的一半交叉到对侧的外侧膝状体,另一半不交叉的视神经纤维各自直达同侧的外侧膝状体,而对左右眼球的视网膜来说,从视网膜左半边(右视野)的神经纤维传输到左侧的外侧膝状体,从视网膜右半边(左视野)来的神经纤维则到达右侧的外侧膝状体。

3.5 视觉信息的处理

前面我们已知,视网膜是视觉信息的光接收器。视网膜的信息处理功能主要是将光信息转变成电信号,产生的神经冲动沿视神经传输,其中一部分神经信号或者侧枝到达中脑上丘,完成瞳孔对光的生理性反射;另一部分神经信号经视交叉后通过视束到达外侧膝状体,经过外侧膝状体的中继与信息处理,再通过视放射将信息传递到大脑视皮层,由视皮层进行最后的信息处理。

瞳孔的反射包括光反射和近反射等。所谓光反射,是指较强的光线进入眼球后,引起瞳孔缩小。光反射分直接和间接光反射两种。以光照射一只眼睛,引起被照眼瞳孔缩小的现象称为直接光反射,而引起另一只眼睛瞳孔同时缩小的现象称为间接光反射。光反射的经路分传入和传出经路。近反射是指当两眼同时注视一个近处目标时,两眼同时产生瞳孔缩小的过程,这一过程实际与晶体变凸(调节)及两眼视轴向内侧集合(辐辏)是同步联动的,也称近响应。其目的是使外界物体清晰成像并投射在两眼的黄斑上。近反射的管辖为中枢性,主要由大脑皮质的协调作用来完成。婴儿无近反射现象。

近反射的传入途径尚未确切肯定,一般认为,调节作用是通过大脑皮质来完成的,其传入途径与视路相同。传出纤维发自纹状周围区,经枕叶—中脑束分别到达两侧动眼神经缩瞳核和两侧动眼神经的内直肌核。由缩瞳核发出的纤维随同眼神经到达睫状神经节,经睫状短神经到达瞳孔括约肌和睫状肌,负责瞳孔缩小和晶体的调节作用。由内直肌核发出的纤维到达双眼内直肌,使两眼产生集合(辐辏)作用。也有人认为集合反应与调节作用不同,并不经过大脑皮质。就传入途径而言,神经冲动可能起始于两眼内直肌的本体感受,纤维经动眼神经到达脑干,止于三叉神经中脑核,再发出短联系纤维至动眼神经核。传出纤维,自动眼神经核群中的内直肌核发出,分布于两眼内直肌,引起集合反应。近反射中的三种反应:缩瞳、调节、集合虽经常是同时发生,关系密切,但各自有其一定的独立性,因此三者也可能各自有其不同的反射通路。

视觉中枢在大脑左右两半球的后部,它相当于 Brodmann 大脑机能分区定位图的 17区,以及部分 18 区和 19 区(图 3-9)。狭义而言,只有 17 区才称为视区。刺激人脑的 17 区,可以使受试者产生简单的主观光感觉,但不能引起完善的视觉现象,而 18 区和 19 区对视觉有关的信息也进行处理,因此,广义上把这三区统称为视区。视区的功能是左侧视皮层接受两眼视网膜左半的神经传入冲动,右侧视皮层则接受右半的神经传入冲动,两半球又通过胼胝体神经纤维连接,互相沟通。若切断了胼胝体,另侧大脑半球视皮层就接收不到传入的信息,因此不能形成完整的视野及视觉。

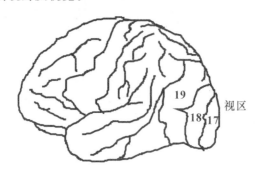

图 3-9　大脑的视区示意图

人类大脑皮层的神经元相当丰富,据估计约为 140 亿个。而且神经元的类型很多,联系复杂,反映了皮层的高度发达。两侧大脑皮层之间还有许多联合纤维,最大的联合纤维结构即是胼胝体。人类的胼胝体也很发达,大约有 100 万根之多,从外侧膝状体传入的数万根神经纤维与视觉皮层细胞的联合,只占胼胝体联合纤维的一部分,其他部分则与听觉、触觉等有关。大脑皮层是指大脑表面的灰质部,是神经元集中的地方,到达大脑皮层一定区域的信息。通过各种连接方式传输到视觉皮层各处的细胞,一些细胞的神经纤维投射到皮层下的脑深部中枢,或附近的皮层区域,使其对视觉信息作进一步的加工处理。由此可见,从视网膜接收光信息并转换成电信号,再逐级传输到大脑枕叶皮层进行信息处理,是一个非常复杂的过程。

3.6　视觉电生理与感受野

从视网膜到视皮层的整个传导通路保持着解剖上的点对点的传导关系,因此视网膜上的各点和视皮层上的各点存在着一种拓扑方式的连续对应关系。这就是说,一个特定的皮层区的信息,是由一个限定的视网膜区输入的,只受这个限定的视网膜区的影响,而一个特定的视网膜区也与某一个神经细胞发生关系,这种能够引起神经细胞兴奋或抑制的视网膜区,就是该神经细胞的感受野(Receptive field)。

为了正确阐明人眼从视网膜至大脑视皮层的整个神经生理学系统的功能,必须清楚地了解眼睛在接受光刺激后是如何把它们转变成电信号的,然后又怎样逐级地向高级中枢传递,以及各级神经中枢又是如何对视觉信息进行加工的。这也正是视觉过程的生理机制,为了揭示这一机制,研究者提出和发展了视觉电生理研究的新方法。

视觉电生理指的是把微电极插入活体动物的视网膜或视神经,记录其中所发生的电信号,通过改变视网膜的照度,对记录的电信号及其变化进行分析的一种方法。

当然,这种方法对灵长类的视网膜使用较为困难,但对于蛙类、鲤鱼等低等动物已被广泛使用。在 100 多年前,Homgran 首先在离体的蛙眼实验中发现在强光照射下有一正电位产生,从而开始了视觉器官的电生理研究。

当前对视觉系统的电生理研究主要是在视网膜细胞水平。一方面是从视网膜的各级细胞(如双极细胞、水平细胞和无足细胞等)做深入研究,以探求其对光刺激的电反应;另一方面,也可利用电生理检查来诊断视觉通路的病变,目前已用于视觉临床检查。

3.6.1 视网膜各种细胞对光刺激的电反应

视觉信息都是以光线作为媒介而传播的,光信息通过角膜、房水、瞳孔、晶状体、玻璃体等光学系统,最后聚集到视网膜上。在视网膜阶段,视觉信息被接收转换成生物电信号,再通过视网膜的细胞间及神经连接逐级传递到视觉通路中去。根据信息传递的途径和细胞间突触连接,视网膜在纵向由视细胞(视锥和视杆)、双极细胞和神经节细胞等三层细胞串联而成,在横向则有水平细胞和无足细胞进行相互连接。

近年来,随着微电极技术的发展,已经具备对细胞的电位及其变化进行引导和分析的技术手段,据此人们对视网膜内各种细胞的电位活动进行了广泛的研究。一般认为,神经系统必须把从外界接收的信息转变成神经冲动或称动作电位,然后才有可能进行传递编码、处理和贮存等。Hagins认为绝大多数动物的视细胞或光感受细胞,都能借助递质的扩散以及光电流使原生质膜被动极化,把信息从一端传到另一端的突触部。而比灵长类视网膜中央凹内视锥细胞更长的细胞结构,则需要借助另外的传播机理,即动作电位。按照计算机技术的术语,若把梯级电位反应看成模拟量,而超极化神经脉冲看成数字量,那么可以认为,在视网膜内不仅完成了光—电转换过程,而且也完成了模—数转换过程。从神经节细胞开始,则以脉冲密度的方式对视觉信息进行编码。

1. 视细胞的电反应

由于视锥细胞和视杆细胞的轴突较一般神经元的短得多,因而有可能用这种梯级反应来传递信息,也就是通常所说的感受器电位,或更确切地说是晚期感受器电位。晚期感受器电位是一种由于光刺激所引起的超极化持续性的电位变化。Hagins等针对光刺激引起超极化的感受器电位的离子机理指出,在暗处,视细胞外段质膜上的钠离子通道是开放的,许多钠离子不断从细胞外流入光感受细胞的外段内,形成暗电流。当光子作用在视细胞的片层结构或小圆盘的视色素分子上时,视色素发生漂白,释放出一种递质,它扩散到视细胞的原生质膜上,使其钠离子通道关闭,因而出现超极化的电反应(图3-10)。这种递质可能是钙离子。另有人认为,视细胞外段内的环化GMP可能是起细胞内信使作用的化学物质,它对视细胞外段原生质膜上的钠离子通道起控制作用。

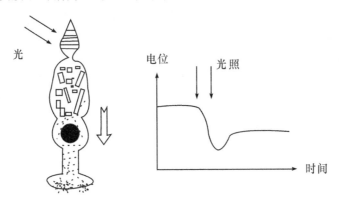

图 3-10 视细胞的电反应

2.双极细胞的电反应

双极细胞对于光刺激也是产生梯级电反应,其感受野是同心圆形状,可分为中心部和周边部。用小光点刺激感受野的中心部与用环状光斑刺激感受野的周边部所引起的电位变化,其极性正好倒转。视网膜上存在两种类型的双极细胞,一种是当光刺激作用在它的中心部位时,出现超极化的电反应,称"超极化型"双极细胞(简称 HPBC)也称"Off—中心型"双极细胞;还有一种是当光作用在其感受野中心部时,出现去极化的电反应,称"去极化型"双极细胞(简称 DPBC)亦称"On—中心型"双极细胞(图 3-11)。双极细胞感受野中心部的大小,与该双极细胞树突所扩展的范围几乎一致,也就是说,刺激与该双极细胞直接发生突触联系的视细胞,则能使之产生超极化或去极化反应。而双极细胞感受野周边部的大小,则大大超过了该细胞树突所覆盖的范围,因此,用光刺激双极细胞感受野周边部的视细胞时,则要通过另外的中间神经元才能引起双极细胞的电反应,一般认为,这种中间神经元可能就是水平细胞。水平细胞对光感受细胞又有负反馈作用,因而感受野的中心部与周边部有相互颉颃即对抗抑制的作用,并认为这种相互颉颃是侧抑制的神经生理学基础。

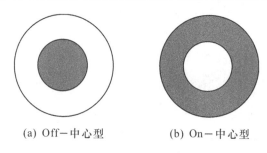

(a) Off—中心型　　　　　(b) On—中心型

图 3-11　双极细胞的感受野

3.水平细胞的电反应

水平细胞也是与视细胞相连的第二级神经元,它与视细胞和双极细胞相似,对于光刺激,也是产生梯级反应。水平细胞的电反应,被称之为 S 电位。S 电位又可进一步分为两种,一种为 L—电位,这是对任何波长的光刺激后,都出现超极化反应,另一种是 C—电位,根据刺激光的不同既可出现超极化反应,也可出现去极化反应,S—电位与感受器电位不同,它具有广泛的空间叠加效应,即用大光斑作刺激比用相同能量的小光点刺激所引起 S—电位大,然而对感受器电位而言,则只要刺激光的能量相同(在相同波长下)所引起的感受器电位的大小相同,与光斑的大小无关。

4.无足细胞的电反应

根据光刺激而引起的电反应的方式不同,可把无足细胞大致分为两类。一类无足细胞在给光刺激或撤光刺激时,出现短暂的去极化反应,还有一类无足细胞,则可产生动作电位。无足细胞与双极细胞不同,它们的感受野不能分为中心部和周边部,而是都出现类似的反应,但它对刺激的强度变化以及光点的移动非常敏感,无足细胞可能对检测景物明暗的变化和物体的运动起一定的作用。

5.神经节细胞的电反应

神经节细胞是具有细长轴突即视神经纤维的神经元。如果它也是以梯级电反应来传达信息,则电位必然会随传导距离的延长而发生衰减,因此,神经节细胞都是产生动作电位,把信息传递到更高级的中枢。不仅不同动物的神经节细胞的电反应形式各不相同,即使同一视网膜内,神经节细胞的电反应形式亦不相同。神经节细胞的感受野,通常也是圆形对称型的,分为中心部和周边部,与双极细胞的感受野基本相同。图 3-12 给出了神经节细胞的感受野形成示意图,这个图解也可用于解释双极细胞的感受野。

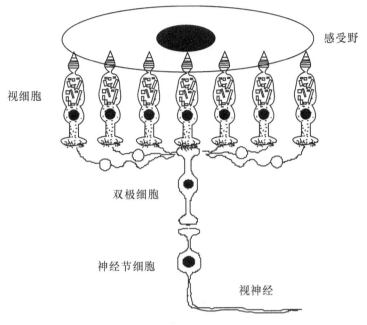

图 3-12　神经节细胞的感受野形成示意图

6.大脑皮层细胞的感受野

在视觉通路的最高端大脑视皮层,其神经细胞的感受野通常不再保持圆形对称形的结构特点。Hubel 和 Wiesel 根据视皮层细胞的感受野特性,区分出简单型细胞、复杂型细胞、超复杂型细胞,他们因对大脑皮层的感受野、大脑功能等方面研究工作作出的突出贡献而获得 1981 年的诺贝尔医学奖。

简单型细胞的感受野也分为"On"区和"Off"区,两者的边界总是直线或平行线,因此对线条刺激的反应最好。这些细胞可能充当视觉信息的线条和边界检测器。复杂型和超复杂型细胞的感受野较为复杂,在此不作详述。

3.6.2　视觉通路的电生理

在临床上应用的电生理记录通常有三类,即眼电图(Electro-oculogram,EOG),视网膜电图(Electro-retinogram,ERG)和视觉诱发电位(Visual evoked potential,VEP)或视觉诱发反应(Visual evoked Reaction,VER)。

1.眼电图(EOG)

检查视网膜的静息电位,测量时在眼球内外眦角各放置一电极。由于视网膜在正常情况下感光上皮方向为正电位,色素上皮方向为负电位,此二者的电位差可达 60mV。在视网膜色素变性、视网膜病变、脉络膜炎、脉络膜缺损、夜盲、维生素 A 缺乏、全色盲等情况下,当光照刺激时 EOG 的值上升程度较低或不上升;EOG 还可反映视网膜最外层的病变;此外,EOG 还能反映外层视网膜的轻度不正常。利用这些特征和规律,即可将 EOG 实际应用于临床检测。

2. 视网膜电图(ERG)

视网膜受到光刺激后,从感光上皮到双极细胞和无足细胞等能产生一系列的电反应并传递至神经节细胞。视网膜不同的细胞能产生不同的电位,视网膜电图就是这种不同电位的复合电波。视网膜电图的检查方法是,保持眼球固定不动,一个称为活动电极的电极接收来自角膜的电位,此电极也称角膜电极,在面部接近眼球的部位放置一参考电极,接收来自眼球后方的电位。光刺激的照明光源一般采用普通白炽灯或充气闪光灯两类。ERG 由一连串的波组成,开始为一负波 a 波,之后是一个较大的 b 波,最后记录到 c 波。

举例而言,ERG 检查的临床应用主要有:采用不同颜色的光刺激时测得的 ERG,可以粗略地估计视杆细胞和视锥细胞地功能;可以根据 ERG 的 b 波的下降或变形来诊断色素上皮病变、视细胞病变、外突触病变、双极细胞和无足细胞病变、脉络膜病变等;此外,ERG 还有助于检查眼底发生病变之前的功能变化。

3. 视觉诱发电位(VEP)或视觉诱发反应(VER)

当视力丧失的患者在检查 EOG 和 ERG 时结果都正常时,则病变可能发生在神经节细胞以上到大脑皮层的视觉通路中。在这种情况下,VER 的检查可能是唯一有效的办法。VEP 的记录电极采用与脑电图相同的头皮电极,作用电极放置在枕部上方 5cm 处,参考电极与接地电极离开 2cm 放在前额部。VER 的电流及极微弱,通常需要放大 1 万倍以上。VER 的刺激信号可以是闪光,称为闪光 VER;也可以使用棋盘格或斜线结构图案作为刺激,称为结构 VER,如图 3-13 所示为 VER 的两种刺激图案示意图。

图 3-13　VER 的两种刺激图案示意图

VER 的临床意义在于,它是唯一可用以全面客观地检查神经节细胞以上的视觉通路功能的方法。根据结构 VER 和闪光 VER 的正常与否,可以判别视网膜是否有正常的感光能力,诊断视神经和视束是否正常,外侧膝状体及视放射是否病变,以及视皮层功能是否损伤等。但结构 VER 和闪光 VER 又略有不同,前者为中心视力功能的反映,代表黄斑区,检查时要求患者充分合作。闪光 VER 主要针对小孩测定视网膜至视皮层的传导功能,代表视觉通路的总体状况。

第四章

视觉的基本功能

在日常生活和工作中,我们从外部世界接收和感受到大量的信息,其中绝大多数为视觉信息。人眼正是根据这些视觉信息或光信息,通过眼球光学系统和视觉神经生理学系统的共同作用,最终获得各种各样的视知觉的。由此可知,人类视觉的基本功能,即是感受周围环境的光信息或光刺激信号。视觉感受光刺激的能力主要表现为人眼对光波的感受性,以及对光的明暗的适应性等。人眼不仅能觉察到光,而且能分辨出两个在空间上有一定距离的刺激物,即具有分辨细节的能力。同时,人眼还能对随时间变化的光刺激进行检测。此外,对于运动变化的目标,人眼还能主动地跟踪和对准,从而感知运动目标的结构和运动状态。视觉的这些基本功能,使我们能够接纳外界的丰富信息,并在此基础上产生图形视觉、空间立体视觉、颜色视觉和运动视觉等高级视知觉功能。

4.1 视觉的光刺激

光的物理特性具有波粒二象性。用波粒二象性来解释光的现象,统一了光的量子理论和波动学说。爱因斯坦的量子力学方程 $E = h\nu$ 给出了光量子(简称光子)所蕴含的能量,其中 h 是布朗克常数,ν 是辐射光子的频率,与波长 λ 的倒数成正比。这个方程表明波长短的光子能量大,而比可见光波长更短的光是紫外光,其中蕴含更强的能量,因此过量的紫外线可能会损伤我们的皮肤和眼睛。

光的传播速度是每秒 30 万千米。按照这个速度,光在任何已知的光学系统中传播都几乎不需要花费时间,将从景物发出的光线成像到视网膜上的眼球光学系统也不例外。视知觉的形成时间,主要是人眼及视皮层对信息的转换、传递、处理和反应时间。相比之下,声音在空气中的传播速度是每秒 340m,因此从周围世界发出的声音到人耳产生听觉,有时需要耗费数秒钟的时间,这就是为什么我们总是先看到闪电,而后数秒钟后才能听到雷声的原因。

4.1.1 视觉对光刺激的感受特性

单个光子蕴含的能量是极其微弱的,尽管如此,人眼视网膜上的视细胞仍然能够接收单个的光子,这里所指的视细胞主要是视杆细胞。不过,光量子穿过某物质时,有被该物质吸收、反射、散射的现象,有多少能够透过物质,则要看物质对光的吸收系数,透过率等因素来决定。眼球内的各元件和介质也并不能把进入瞳孔的光全部输送到视网膜上,大约只有10%的光线能够最终到达视网膜,其余的则在到达视网膜前就在眼内吸收和散射掉了。由此可知,人眼也会吸收和散射光能量。实验证明,人眼的视细胞能够对 5～8 个光子的刺激作用产生反应。

人眼能够感知的光强度范围包括从 $10^{-6} \sim 10^{8}$ mL 的广阔区域。其中明视觉对应 $1 \sim 10^{7}$ mL 的光强度,$10^{-6} \sim 1$ mL 时为暗视觉,1mL 左右的光强度时的视觉状态介于明视觉与暗视觉之间,称为间视。为直观起见,这里给出不同数量级的光强度所对应的实际光照环境,如中午的太阳表面光亮度约为 $10^{8} \sim 10^{10}$ mL,白炽灯丝 $10^{5} \sim 10^{7}$ mL,日光下的白纸 $10^{2} \sim 10^{4}$ mL,可舒适阅读时的光强度为 10mL,月光下白纸 $10^{-3} \sim 10^{-1}$ mL,星光下白纸 $10^{-5} \sim 10^{-4}$ mL 等等。

人眼不仅能感觉不同亮度的光刺激,而且能分辨不同的颜色,如萤火虫发出的淡绿光,白炽灯的黄色光,激光的红色光等。这是由于各种光的波长不同的缘故,说明光本身是有物理颜色的。平时所见的日光虽是白色的,但实际上包含着从红光到紫光的各种颜色的光。日光之所以看起来是白光,是因为它是等能的光谱,它们同时刺激视网膜细胞时不能被分辨;其他的光源如钨丝灯泡看起来有些发黄,因为其能量在黄色至红色的区域较强;红宝石激光器发出的光集中在波长 694nm 处,看起来是典型的深红色,见图 4-1。人眼的可见光波长范围在 380～780nm 之间。

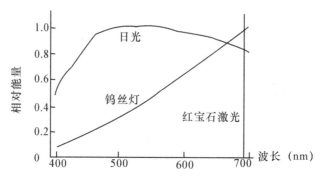

图 4-1 光源的光谱及相对能量

可见光谱范围内不同波长的光,即使在物理上光亮度相同,它们对人眼睛的刺激程度也是极不一样的,此即光谱相对视亮度,也称相对光谱效率、相对视亮度等。相对视亮度记为 V,它是波长 λ 的函数,由此构成的曲线称为 $V(\lambda)$ 曲线。1924 年,国际照明委员会(CIE)综合不同研究者获得的结果,合成了后来被称为 CIE1931 标准观察者的光谱相对视亮度曲线(图 4-2)。实际上,$V(\lambda)$ 曲线还受亮度高低、视野大小及不同人种等因素的影响,而 CIE 的曲线数据仅来自于白种人。为此,我国心理学工作者进行了一系列测试实验,得到中国人的 $V(\lambda)$ 曲线,参见图 4-2。结果表明,中国人的 $V(\lambda)$ 曲线与 CIE 的曲线略有偏离,但并没有显著差别,说明人种对 $V(\lambda)$ 没有明显影响。

4.1.2 光感受的主要影响因素

视觉的基本功能之一是感受外界的光刺激,即人眼对光的感受性。人眼的视网膜上存在大量的视细胞即感光细胞。视细胞接收到的光刺激的强度,直接影响到视觉的质量,光刺激过强或过弱时,均看不清物体。为了能看清楚物体,就要对光的强弱进行调节,眼球中的这个调节机构就是类似于照相机光圈的瞳孔。从物理意义上来说,瞳孔是随光的强弱变化

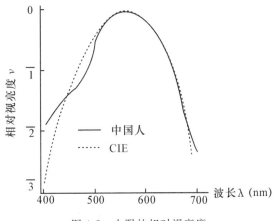

图 4-2 人眼的相对视亮度

而缩小和放大的机构,其最大直径可达 8mm,最小直径约 1.5mm。这两个值对应的光强度环境分别为繁星点点的夜空和晴朗的白昼。当然,为适应如此宽范围的环境亮度变化,人眼也并不是单靠瞳孔的缩放来调节完成的,视网膜细胞的敏感度也在起着很大部分的调节作用,如白昼时起作用的主要是视锥细胞,对光强不需要太敏感,晚间时则视杆细胞起主要作用,对光强十分敏感。另外,人眼在看近物时,双眼还同时产生进行辐辏、调节和缩瞳的生理反射,使视网膜上的像更加清晰。

实验证明,瞳孔直径增加后,像差会相应地增加,导致视网膜上的像质变坏;但当瞳孔直径过小时,因衍射的影响也会造成图像弥散,使像质变坏。通常情况下,人眼的瞳孔直径约为 3~4mm 时,视网膜上可获得最佳的像质。

视网膜感受到的光刺激,除了受瞳孔的影响之外,还有轴外像差的影响。这是因为眼球的视轴和光轴并不重合,两者有 5°的夹角,因此注视点对光轴而言是轴外像点,视觉目标的视网膜像也是轴外像,势必受到轴外像差的影响。好在眼球光学系统具有很好的消像差结构和功能,轴外像差的影响并不大,我们日常所拥有的良好视觉就是证明。

4.1.3 视觉的光刺激量

视觉的光刺激量在视网膜上的感受可用光谱相对视亮度和照度来解释。不同波长的光在刺激程度上是很不相同的,在视网膜上表现的视觉特性是多种颜色的感觉。在此我们仅探讨物体在视网膜上的感觉亮度,这种由观察者感觉到的亮度称为主观亮度。主观亮度通常被认为是视网膜上的照度 E,用下式表示:

$$E = \tau L d^2 / (4f^2)$$

其中 τ 为人眼的透过率,d 为瞳孔直径,L 代表物体表面的亮度,f 为人眼的焦距。视网膜上的照度单位为楚伦德(td),1td 就是人眼瞳孔有效面积 1mm² 和物体亮度为 1cd/m² 时所产生的视网膜上的照度。上式表明,视网膜上的照度与瞳孔面积及物体亮度成正比,与焦距的平方成反比。

4.2 空间辨别能力

感知和分辨周围世界的物体的存在及细节,是视觉的基本功能之一。根据视觉在空间辨别方面的特性,可将视觉能力分为察觉和分辨两种类型。

4.2.1 察觉

察觉是指观察者辨认物体是否存在,而不是看清物体的细节。图 4-3 中的六行文字书写的是同样的内容,但我们只能感知前面三行文字的存在,而不能分辨它们的细节,这就是觉察。在暗背景上察觉明亮的物体不是取决于物体的大小,而是取决于物体的亮度。当然被观察的物体也不能过小,若物体的尺寸小于最小视认阈,即使亮度很大也不会为人们所察觉。人眼察觉明亮背景上的暗淡物体的能力也很强,但这种察觉也主要取决于被观察的物体与周围环境的亮度差别。此时的察觉实际上是对比辨认,包括辨认图形的形状,区分出两根细线条或两个小点。在对比辨认时,物体的尺寸对察觉有一定的影响。

图 4-3 觉察与分辨

4.2.2 分辨及视敏度

分辨是指区分物体的细节。显然,分辨是在察觉基础上实现的,察觉不等于分辨,但分辨必须先觉察。图 4-3 的后三行文字,在视觉上是可以分辨的,因为这些文字的笔画已经大到足以被一一区分出来。由此推广开来,眼睛能分辨出两个邻近物点的能力称为眼睛的分辨率。两点对眼睛主点所夹的角度即视角,眼睛能分辨两点的最小视角称为极限分辨角,记为 α,眼睛的分辨率与极限分辨角成反比。

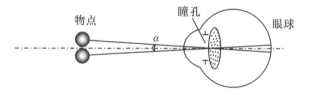

图 4-4 眼球光学系统的极限分辨角

若把眼睛当作一个孔径受限的光学系统(图 4-4),按照光学衍射理论,该光学系统的分辨率或极限分辨角 α 由其出射光瞳(即瞳孔直径 d,取平均值 $d=3\text{mm}$)决定,取波长 $\lambda=560\text{nm}$,有:

$$\alpha=\varphi=1.22\lambda/d=1.22\times560\times10^{-6}\times180\times60/(3\times\pi)=0.8'$$

考虑到其他一些影响因素,通常将正常眼的极限分辨角修正为 1 分视角。而且事实上,瞳孔直径不同时,人眼的极限分辨角是不相同的。

视敏度的定义是,以分为单位的极限分辨角 α 的倒数,记为 $V=1/[\alpha(分)]$。在临床医学上也将视敏度称作视力。1 分视角对应的视力即为 1.0。在理想条件下,正常眼的视力能够超过 1.0,达到 1.2 或 1.5,有的可超过 2.0,极个别甚至达到 4.0。

4.2.3　空间辨别阈

人眼视力的好坏常用 E 字型或 C 字型视标来检查。人眼的空间辨别能力不仅与眼睛的光学特性有关,也与视网膜的适应状态,以及眼球的运动等物理、心理和生理因素有关。人眼的空间辨别能力实际是一个综合功能,仅用视力的含义并不能全部反映这一功能。根据图像、背景和光点等条件及性质的不同,视觉的辨别能力也是不同的,可分为最小察觉阈、最小认知阈、最小分离阈、最小差别阈等四种不同的形式。图 4-5 给出了这四种视觉辨别能力的含义。

图 4-5　视觉的四种辨别能力

1.最小察觉阈。人眼能辨认出点或线存在的最小尺寸,亦称最小视认阈。人眼感知最小尺寸的能力是相当强的,通常对视角约 $30''$ 的白底黑点,视角 $10''$ 的黑底白点,视角 $4''$ 的白底黑线,人眼就能辨认。在最适宜亮度下,黑线视角在 $0.5''$ 时即可得到辨认,这种辨认是一种强度辨别。图 4-6 从左至右依次解释了这些最小察觉阈。

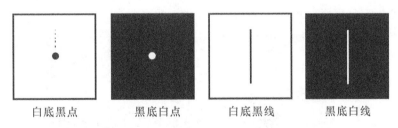

图 4-6　最小察觉阈的四种形式

在涉及航空航天的话题时,人们常说长城是从太空中的卫星或宇宙飞船上唯一可见的人造建筑,这样的说法令国人感到骄傲,不过并没有得到证实。如果单纯从视觉的辨认能力而言,却并非没有可能。宇宙飞船和人造卫星的飞行高度一般在数百公里(如 300 公里)左右,而长城的宽度应该在数米至十米之间,由此计算出的视角在 $5''$ 左右,即此时长城相当于一条视角为 $5''$ 长线,应在人眼可辨认的范围内。只是由于草木掩蔽,云层遮挡,空气扰动,阳光散射等因素的影响,不能把长城和山体简单地看成目标和背景的理想状态,因此直接用肉眼观察很难分辨长城。当然,如果借助于遥感或远距照相技术,分辨长城就显得稍稍容易一些。

2.最小认知阈。认知图形或判读字母时的最小视角,阈限宽度约为 $30''\sim40''$。在标准视力表上,有时也用 C 字形代替 E 字形视标。这时不仅有明度辨别,还包含有一定程度的理解能力、定位能力和心理因素。此外,最小认知阈还与语言、文字、教育程度等密切相关。如在阅读时,即使汉字的字体较小、较潦草或较相似,我们也能分辨和认知,并据此流畅地阅读。如图 4-7 所示的词句,我们阅读起来并没有太大困难。这是因为我们本身就对汉字很熟悉,而且在过去的经验中就已经对这首词有过学习和记忆。与此相反,对于外国人,即使有一定的中文基础,也很难对这样非书写体的文句进行流利的阅读。同理,中国人在阅读英文等外文时,一般也要求字母为书写体,而对于手写的英文字母,阅读起来同样较为困难。

图 4-7 视觉认知阈与教育程度的关系

3.最小分离阈。能分辨两点或两线的最小间隔,分离阈也称为解像力,即对一个视觉形状组成部分的间距的辨别能力。在仪器中还用来表示分辨率指标。在作视力检查中有时也使用分辨率的概念。经实验测定,最小分离阈约为 $20''\sim30''$。但这一阈限往往随点、线的性质不同而发生变化。

4.最小差别阈。能够感知的最小错位,也称最小符合阈。目视仪器常用这一视功能来作为定位瞄准设计的依据。据测定,最小差别阈约为 $2''\sim4''$ 视角,精密游标卡尺及螺旋测微尺就是利用这种高分辨能力来提高读数精度的(图 4-8)。

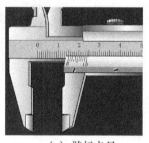

（a）游标卡尺 （b）千分尺

图 4-8 视觉的最小差别阈实例

4.3 时间辨别能力

视觉对物体的辨别,不仅依赖于空间特性,还受其时间辨别特性的影响。如闪光、闪烁、连续光等引起的视觉感受是不相同的,这就是视觉对不同时间频率的光刺激的反应。如刺激频率低,感受是闪光;频率增加,闪光感觉持续时间较长,产生了"闪烁"效应;当闪光频率继续增加直至闪烁消失时,视觉感知到的光就被看成连续光了。高频率的脉冲断续光和连续光,在主观视觉上都能引起稳定光的感觉。人眼的这种对不同频率光刺激的察觉能力即为时间辨别。

4.3.1　曝光时间

人眼受短时间的曝光,必须符合光度学的一条基本规律,即 Bunsen—Roscoe 定律。实验证明,为了观察一个小面积光亮的圆点所需的光能量 E,对所有短时间 t 的曝光来说是一个常数。即所需光能量是时间和亮度的乘积:$E=t \cdot L$。该式也同时符合照相机的曝光原理。不过一般认为,察觉是有时间阈限的,称为临界时距,用 tc 表示。当超过这一时距,则上述规律失效。在白昼光照良好的情况下,时距在 0.01 到 0.2 秒之间。另外,对一个光刺激来说,其全部光能量还与测试面积有关。

4.3.2　时间累积

视觉对光刺激的感受,受光刺激的时间长短和亮度因素影响。在一定刺激时间范围内,如果亮度很低,为了达到相同刺激的视觉效果,可以用延长刺激时间的方式来弥补,这种情形就是刺激时间的累积。对于一个小片刺激的察觉,光的总能量 E 与它的面积 A、亮度 L 和时距 tc 成正比,即 $Ec=A \cdot L \cdot tc$。Ec 为达到 50% 察觉概率所需的临界光亮。如果刺激目标的照明条件良好,tc 值可以短到几毫秒;如果照明条件不好,tc 值也可能长到几百毫秒。不过作者认为,虽然该式表明了全部时间累积或整合的情形,低亮度的刺激可用延长刺激时间的方式弥补;但反过来并不成立,即在提高光亮度时,刺激时间并不能无限度地降低。好比一个人 10 秒钟内可以从一楼跑到三楼,但 10 个人一秒钟内绝对无法从一楼跑到三楼。

4.3.3　时间特性

时间辨别的特性常用临界闪光频率的心理物理概念来叙述。光在主观上引起的感觉界于闪烁和稳定之间时的频率叫做临界闪光频率(Cff),实验证明,Cff 主要依赖于刺激闪光的频率,而不依赖于它的波形,时间分辨常受到大脑的限制,而不受眼睛的限制。它与疲劳、缺氧症、药物反应、觉醒状态和观察者的年龄有关。

实验研究表明,光刺激频率较低时(8～10Hz),人眼感觉到闪光,刺激作用强;光刺激频率中等时(10～16Hz),感觉闪烁,刺激作用减弱;刺激频率提高到 20～50Hz 时,感觉到连续光;而对于 50Hz 以上的光刺激,如照明用的日光灯管的 50Hz 频闪光,视觉上感知为稳定的连续光。

4.4　明视、暗视和间视

在上一章中已经介绍,人眼视网膜上存在两种光感受细胞或视细胞,即视锥细胞和视杆细胞。视锥细胞主要集中于视网膜的中央部分,即黄斑及中央凹处,主管明视觉(Photopic

Vision);视杆细胞则主要分布在视网膜的周边部分,主管暗视觉(Scotopic Vision)。近年来,研究者认为界于明视和暗视两者之间还应该存在一种中间视觉,即间视觉(Mesopic Vision)。人眼明暗视觉的基本功能及特征列于表 4-1。

表 4-1　人眼的明视觉与暗视觉

视细胞	视锥细胞	视杆细胞
数量	700 万个	1.2 亿个
视网膜上位置	黄斑、中央凹,周边区较少	周边区
亮度水平	昼光($1 \sim 10^7$ mL)	夜光($10^{-6} \sim 1$ mL)
主管视觉	明视觉	暗视觉
空间细节辨别	分辨细节	不能分辨细节
时间辨别	反应快	反应慢
颜色辨别	可分辨,正常三色觉	不分辨,异常三色觉
暗适应	快(完全暗适应约 7 分钟)	慢(完全暗适应约 40 分钟)
神经过程	辨别	累积

人类与大部分动物都有明视觉和暗视觉。由于生活空间不同,不同动物的明视觉和暗视觉能力是有区别的。有些动物常在夜间活动,如猫头鹰、蝙蝠、深海鱼类,被认为无视锥细胞或视锥细胞缺少,因而几乎没有明视觉而暗视觉较好;一些日间活动的动物,如蜥蜴、鸟类、家禽,则缺少视杆细胞,而视锥细胞很发达,因此明视觉好而暗视觉差,表现出夜盲的症状。人类虽然以昼间活动为主,明视觉发达,但同样具有较好的暗视觉能力,而且我们还能主动改变夜间的环境亮度,如室内照明、路灯、霓虹灯等,因而人眼在夜间也能获得明视觉类似效果,感受生活的丰富多彩。

间视觉,也被称为中介视觉或混合视觉。当暗视觉的环境亮度超过一定量级时,部分视锥细胞便被激活,一般认为这时便是间视觉了。虽然许多学者证实了明视和暗视之间存在视锥和视杆细胞的相互作用,但还不能在明暗视觉函数的线性组合中模拟出间视的视觉亮度函数。总之,在间视觉范围内,存在着视锥和视杆细胞之间的复杂化作用,还有待于深入研究来获得更确切的证据。

在现代社会,人们往往工作在明暗交替的环境中,明视觉和暗视觉都同等重要。而对于某些特殊职业者,如矿工、照片洗印工、夜班司机、军人等,还需要使视觉在明视与暗视之间互相频繁地切换。在黑暗中,由明视觉向暗视觉过渡的过程称为暗适应;而在明亮处由暗视觉向明视觉过渡的过程称为明适应。当从光亮环境进入暗室时,视觉不能立刻适应亮度相差强烈的变化,因此会暂时看不见;相反,当从暗室里走出来时,则很快能看见周围景物,这说明人眼的明适应和暗适应时间是不同的。一般而言,明适应在一二分钟内即可完全完成,而完全暗适应则可能要经过较长的时间,甚至需要半小时以上。

从人眼的光谱光效率特性可知,明视函数的最大值在波长 555nm 的黄绿光部位,暗视函数的最大值在 507nm 部位。暗视函数的波峰比明视函数往左移动了 48nm,这说明视杆细胞更适应于短波长的光。这种暗适应时波长向短波长(蓝光)方向移动的现象称为浦肯野效应。

人眼的暗适应过程曲线见图 4-9。曲线分为两部分,在亮度对数值接近 3％ 时有一个交叉,交叉前是用红光刺激从没有视杆细胞的中央凹的视觉测得的,后面部分则是大量视杆细胞活动而产生的曲线,用的是白光刺激。当人眼在长时间的暗适应后,对光将变得特别敏感,在视觉条件优化时,可看见仅含 100 个光子的闪光。应该说明的是,由于眼球的散射和吸收作用,此时并没有 100 个光子到达眼底,实际到达视网膜的光子大约只有 10 个左右,也就是说,人眼完全暗适应时,能够感知仅含 10 个左右光子的闪光。

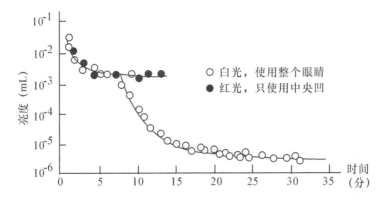

图 4-9　人眼的暗适应曲线

在夜间出行时,如果从亮度较暗的街道对面开过来一辆开着远灯的汽车,人眼会因为车灯的照射而发生眩光现象,此时无法看清或看见汽车旁边和后面的景物。不仅如此,当汽车从身旁开过去后,眼睛仍有一二秒钟的时间几乎什么也看不见。这是因为受车灯较长时间的照射后,又从很强的亮度下迅速转变为暗环境,人眼无法立即暗适应的缘故。为此,当晚间两辆相向行驶的汽车交会时,一般应该交替地开关远灯,当然,这是一种较为麻烦地方法。为了解决这一问题,人们设想把车灯前面的聚光玻璃和车窗前挡风玻璃制成偏振形式,偏振轴沿与水平面成 45° 角的方向,因此对面来车的灯光与本车的挡风玻璃偏振轴互相垂直,使本车司机看不到对面汽车灯的强光,而自己可以看到本车的灯光,反之亦然,由此解决眩光的问题。从理论上讲,这是一种有效的方法,但限于某些技术问题,还没有得到广泛应用。

4.5　眼球运动

人们是生活一个在看起来无限大的空间里,人的双眼需要不断地环视周围的景物,搜索自己感兴趣的目标。世界是如此之大,立体角达到 4π 弧度,即 720°,而人眼的视角又那样小,尤其是以视轴为中心的中央凹区域仅 1°20′ 视角。人眼为了搜索和看清目标,除了转动身体和转动头部等动作之外,眼球本身也必须要做多方向的运动。

4.5.1　眼球运动的目的

人眼视锥细胞主要集中于中央凹,为了正确地识别空间物体的位置,大小和形状,眼球就要不停地上下、左右转动,按人的意志改变注视的方向,使视轴对准被注视物体,把整个物体的图像清晰地传送到中央凹及黄斑区。在整个视网膜中,中央凹的敏感度最高,能获得最清晰的图像,其中视锥细胞起主要作用,为此需要转动眼球;而视网膜周边区对闪光和运动物体等的刺激特别敏感,该区域视杆细胞起主要作用,如果外界光刺激发生快速的变化,视网膜的周边区立即会作出反应,眼球也就产生运动。

眼球在各方面的运动是由两侧大脑运动区(大脑 8 区附近)来控制的,一般来说,侧向运动的大脑皮层比较明确,即大脑右侧皮层控制双眼向左运动,左侧皮层控制双眼向右运动,但控制双眼上下运动及其他方向的运动,如旋转等,在大脑皮层的对应投射区域尚不很清楚。

一般而言,眼球运动的目的和作用主要包括三个方面,即注视、辐辏和补偿。注视是使中央凹对准目标,辐辏使双眼视轴向内集合,补偿是眼球的反射性运动,目的是保持视线的稳定。

在注视点分布研究中,发现人眼在观察定向目标时,眼球并非固定不动,而是注视点在不断地扫描,但对图形的"特征"却特别感兴趣,停留时间稍长。在不同的实验中发现,注视点停留的地方,主要集中于光的交界处,尤其是拐弯处,如白衣服上黑点、图形的轮廓等。用闭合图形进行实验,则视线容易往图的内侧去,若在画面内有运动的图形,或在这些地方的图形存在一些不规则性,例如图形的一部分欠缺,或者只是一部分有不同的特性,注视点也容易盯住这些地方。

为获得近物的清晰图像,左右眼的位置和方向必须作相应的调整,使双眼形成单视。在调节机制中我们已叙述过,此时双眼产生辐辏运动,相应地瞳孔也发生收缩。从远物到近物的变化,人眼为看清物体,需通过调节、集合和缩瞳来完成,集合就是双眼辐辏,这种眼球运动就是人眼近响应。

眼球运动的作用,还可以起到补偿体位变化以维持视线稳定的目的。当人体姿势发生变化时,或者当我们目光跟踪移动的目标时,将会引起眼球的反射性运动。这种反射可以保证身体或头部突然运动时,眼球的注视方向仍能保持相对的稳定性。

4.5.2　眼球运动的生理机制

眼球位于眼眶内,其活动是按一固定点旋转,该固定点称为旋转中心。在临床上或进行计算时,常认为旋转中心是恒定的,位置在眼轴上距角膜顶点后方 13.5mm 处,每只眼球的运动,都是由与其相连的眼外肌相互作用来控制的,每只眼球的眼外肌共有六条,即上直肌、下直肌、内直肌、外直肌、上斜肌和下斜肌(图 4-10)。

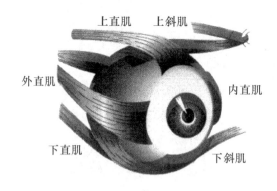

图 4-10　眼球的眼外肌

　　眼外肌的功能和作用较为复杂，各眼外肌之间的关系，或起协同作用，或起对抗作用，以保持双眼共同协调运动。当一眼外肌行使其主要动作时，也有某些其他眼外肌来协助完成，这就是协同作用。外直肌的主要动作就是外转，而上、下斜肌的副动作也是外转，所以当眼球外转时，上、下斜肌就协同外直肌动作。眼外肌除互相协同的作用外，尚需相互制约，以免超过所需的运动范围。例如外直肌可以制约内直肌的过度动作，上直肌可制约下直肌的过度动作等。除此之外，两眼运动必须是共同的，即向右看时，两眼同时向右转，而且转动幅度应相等，这样才能保持两眼视线平行，这也是双眼单视的重要条件之一，需要右眼外直肌和左眼内直肌同时作等量收缩才能实现。这两条共同转动的眼外肌互相起配对作用。归结起来，在眼外肌的作用下，眼球可实现内转、外转、上转、下转、内旋和外旋等动作。需要指出，当眼外肌的结构和协同作用不一致时，或者当眼外肌出现损伤时，可能导致双眼斜视。

4.5.3　眼球的运动类型

　　眼球运动有三种基本类型：注视运动、追踪运动和跳跃运动。

　　1. 注视（Fixation）。把眼睛的中央凹对准某一目标的眼球运动称为注视（图 4-11）。眼球的注视运动是为了刺激更多的视细胞，有利于视细胞的适应和再注视，以便形成清晰而稳定的视网膜像。另外，当双眼观察一忽近忽远的物体时，双眼视轴之间的夹角会随物体的远近发生变化，即伴随微弱的聚散运动或辐辏。在实现对目标的注视后，眼球仍存在微小颤动，但这不会影响视敏度和深度视觉，如射击瞄准时，随着呼吸运动，全身各部位都在作轻微颤动，眼球也不例外，但这种颤动并不影响瞄准精度。此外，观察目标本身的结构特征，也可能导致注视运动的不稳定。当你试图去数清图 4-12 所示图案中波浪线条的数量时，往往觉得非常困难，除非不眨眼睛一口气数完，否则会导致注视定位出问题，最终使正确计数变得不可能。

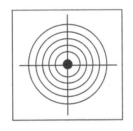

图 4-11　眼睛的注视

　　2. 追踪运动（Pursuit movement）。一种比较平稳的、按正弦形式在左右方向或上下方向往复的运动。当眼睛在追踪一运动物体时，如果运动物体的速度不太大，那么双眼进行的是较慢的追踪运动。跟踪运动的目的，是注视运动物体并使运动物体成像在视网膜中央凹处。如果运动物体的角速度太大，尽管双眼企图进行跟踪，但不能完成追踪的目的，此时不能使运动的物体清晰地成像在视网膜上。举例来说，当透过快速运行的列车的车窗向外观察两旁的树木时，树木的影像因快速后退运动而模糊，即使人们试图用双眼去跟踪这些树木，仍不能使目标显得清晰。又如当电视剧或电影放映结束时，演职人员的名单会在屏幕上自下而上显示，此时阅读起来并不困难，因为追踪运动的速度能够跟上字幕的移动速度；但在某些香港电视剧结束时，字幕往往以很快的速度自下而上移动，此时就很难顺利地阅读演职人员的名单了。

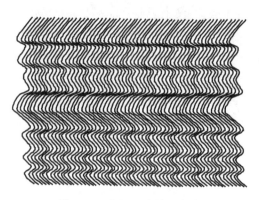

图 4-12　注视运动的不稳定

　　一般认为,平稳的追踪运动是视轴跟随运动的物体时所发生的连续低速运动。当物体处于静止状态,即使有意识地进行这种运动,也是办不到的。追踪的角速度相当低,据说最高约为 25°～30°度/秒。在追踪高速运动物体的情况下,掺进了单挛运动。平稳的跟踪运动不是为了盯住离开视轴的目标物的运动,而是使落在中央凹上的目标维持在原来位置上的运动。广义而言,我们阅读时的眼球运动就是平稳的跟踪运动,相当于眼球去追踪从左向右运动的字体。作者认为,眼球的追踪运动的速度具有方向选择性,如阅读从左至右编辑的书报很容易,阅读从右至左编辑的文章较难。而在古代中国,书籍的文字往往是从上到下排列的,阅读起来又是另一番情景。阅读速度最慢的当数阅读从下往上编辑的文字(图 4-13)。所以,目前全世界大多数文字都采用从左至右的排列方式,我国台湾地区的某些书报及阿拉伯文等则采用从右至左的编辑方式。从下往上排列文字,恐怕是绝无仅有的。读者不妨试验一下图 4-13 四种编排方式的文字的阅读,哪个更容易一些?

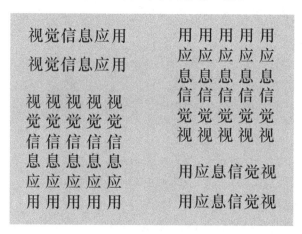

图 4-13　跟踪运动实例——阅读

　　3.跳跃运动(Skip movement)。离开平稳的追踪运动,就是跳跃运动或单挛运动。单挛运动是非常高速的运动,如果眼球的平稳追踪运动是以运动速度作为刺激而产生的,那么眼球的单挛运动则是由于视标位置改变作为刺激而引起的。由于视标位置的快速变化,眼球就产生跳跃运动。当我们随意地环顾四周时,双眼从一个注视点到另一个注视点会作快速扫视运动,快速扫视的振幅可能只是几弧分(微快速扫视运动)或者为几度。

　　跨度大的快速扫视常伴随头部的运动,如人眼阅读到达一行文字的最右侧时,需要把目光快速扫回到下一行的最左侧,以开始另一行阅读。这种快速扫视,其扫视时间约在 10～80ms 之间,眼球运动的平均角速度可达 200°～600°/秒。实际上,当物体的运动速度在50°～55°/秒以下时,眼球的运动是追踪运动。但当物体运动速度相应提高时,则伴随有跳跃或单挛运动。单纯的追踪运动不能保证运动物体清晰地成像在视网膜上,高速运动的物体,只有在眼球跳动的情况下,才能看清楚。

在快速扫视和慢速追踪运动之间,可产生一种周期性的交替运动,例如在行驶的汽车或火车里,从窗子向外观看风景时,双眼在缓慢的水平运动和快速的扫视运动之间交替地运动着。这种在快速扫视和慢速追踪运动之间的交替运动称之为眼球震颤。在眼科学上称之为视性眼球震颤。这种往返摆动的眼球有快有慢,快的称为快相,慢的称为慢相,慢相与车进行的方向相反,快相与火车进行的方向一致。除了视动性的眼球震颤外,还有视力障碍性眼球震颤和职业性眼球震颤,这是由眼球致病,或者长期从事某种职业(如矿工长期在较暗的坑道中劳动等)所致。

第五章

视觉对图形图像的识别

5.1 形状与图形视觉

5.1.1 轮廓的作用

轮廓是形状视觉中最基本的概念。人们之所以能看到物体的形状,是因为有一个可见的轮廓把它与视野的其他部分区分开来,在看到物体的形状以前,必定先看到它的轮廓。当视野中两个区域的亮度不同时,一个与其他部分亮度不同的轮廓把视野分成具有不同形状的两个区域。但是,如果两个区域的亮度相同但色调不同,一般不能引起清晰的形状知觉。再有,如果两个区域之间的亮度变化是渐变的,两者的轮廓线也将变得模糊,即两个区域的形状变得不确定。因此,产生形状视觉的基本要求是,在亮度不同的区域之间有一个线条分明的轮廓,或者说,轮廓是明度级差的突然变化。图 5-1 所示,左边的白色圆环映衬在灰色背景上,构成明度的突变,可以很容易观察到其轮廓;中间的圆斑则因为明度渐变,与灰色背景融合,因此分辨不出轮廓;而如果将它移至右图的黑色背景上,其轮廓又变得一目了然。

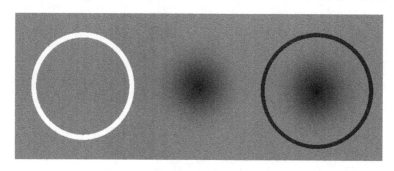

图 5-1 轮廓:明度级差的突然变化

早在 1865 年,奥地利物理学家和哲学家马赫(Mach)就曾指出,分辨轮廓需要明度级差突然变化,渐变的级差不构成轮廓。例如可见光谱上波长从 780nm 到 380nm 逐渐减小,引起从红、橙色到蓝、紫色各种不同的色觉。但由于波长是渐变的,因此在各种颜色之间看不到明确的轮廓和分界线,如彩虹。当然,虽然轮廓对于形状非常重要,但是轮廓不等于形状。当视野中的两个部分被轮廓分开时,这两个部分虽然有着相同的轮廓线,却可以被看成很不相同的形状。图 5-2 所示,请读者说出图中是 6 个不同的杯子,还是 12 张不同的人脸?答案当然是两可的。问题在于,与杯子对应的人脸具有相同的轮廓,而我们感受到的形状可以完全不同:人脸或是杯子。Rubin 指出,当人们注意图形的形状时,倾向于固定注视某一部分,但当你注意轮廓时,是把轮廓看成了一条要追踪的路线。从轮廓到形状有一个"形状构成"的过程。当视野被轮廓分为图形与背景时,轮廓只给图形构成了形状,而背景似乎没有形状。通常一个轮廓倾向于对它所包围的空间发生影响,即轮廓一般是向内部而不是向外部发挥构成形状的作用的。

图 5-2　相同轮廓构成不同形状

当观察两块亮度不同的区域时,它们之间的轮廓一般表现得特别明显,有一种在边界处亮度对比加强的现象。这是早在一百多年以前就被马赫所发现的现象。但是对于它的产生机制,人们到本世纪 50 年代才从有关鲎(又名马蹄蟹)的复眼实验中得到较好的解释。鲎的复眼包括 800～1000 个小眼,它们和中间细胞相连接,这些细胞的轴突形成视神经。由于相邻小眼在视野中部分重叠,在受到光刺激时,它们之间就产生相互抑制的作用,称为侧抑制。当两个相邻的小眼同时被激发时,每一个小眼的神经冲动都比它单独接受同等大小的光强时小。小眼距离越远,侧抑制效应越小。侧抑制现象在很多动物身上都有发现,可以推断人眼视网膜上也存在类似的效应。当泛光照射整个视野时,所有视细胞彼此间都相互抑制,视觉感受的总体表现反而比较微弱;而在光强度发生变化的地方,如图形的边界部分,就会显示出十分有趣的视觉效应。例如,当我们观看一个黑白交界的图形时,在交界两侧,黑的地方显得更黑,白的地方显得更白,也就是在图形的轮廓边界部分发生了主观对比增强的现象,这个区域总是出现在亮度变化最大的地方,称为马赫带。如图 5-3 所示,左图被黑色圆环包围的白环显得特别明亮,而它们的实际亮度与纸面完全一样,即产生了对比增强现象。同样,在右图的黑方块之间的白线条也显得特别明亮。此外,在第一章中曾经提到,这些白线条的交叉处还会出现一些时隐时现的灰色小点。我们认为,这也是由于视细胞之间的侧抑制造成的。位于交叉点处的视细胞,既受到交叉的白线条的侧抑制作用,同时又受到黑方块的侧抑制作用,因此,这些视细胞的感受值将是黑色方块和白色线条同时作用的结果,或者说是它们的平均值,即出现灰色小点。有兴趣的读者,不妨自行制作类似的图案,将黑色方块分别改成红色、绿色和蓝色等,看看交叉点处出现的又是什么颜色的小点。

在没有明度差别的情况下,由于某种原因人们也可以看到轮廓和形状,这种轮廓知觉被称为主观轮廓或错觉轮廓。图 5-4 中画出的是两种典型的主观轮廓图。在左图人们可在两个半圆形之间看到一个具有左右两侧轮廓的完整白色柱形,而在右图可以看到一个完整的

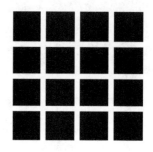

图 5-3　图形的对比增强现象

白色三角形,而且三角形区域比明度相等的背景显得更亮一些。这些例子说明,在客观上一致的白色部分之间,人眼主观地给它们添上了一条轮廓线。

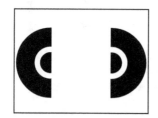

图 5-4　主观轮廓

　　关于主观轮廓的形成,多数学者都提出认知性的解释。认为它们是在一定感觉信息基础上进行知觉假设的结果,并认为视野中某些不完整因素是主观轮廓形成的必要条件。以图 5-4 的右图为例,图中三个扇形圆盘和三个角在某种意义上都不完整,大多数人都把它们看成一个盖在三个黑圆盘上的三角形及一个被压在下面的黑边三角形。显然这种组织在简单、稳定和正规性方面占有优势。为了使这种知觉组织更符合现实,中央的白三角形必须被看成是压在另一个三角形上的不透明三角形;又由于三角形一定有边界,视觉就根据推论主观地提供了必要的轮廓。实验证明,只有不完整因素提供了必要的深度线索时,主观轮廓才能够产生。

5.1.2　图形的组织与发展

　　19 世纪中叶,传统的构造心理学派(Structuralism)认为知觉是由许多感受单元构成的,即许多感觉加到一起就是知觉。人知觉到的外界事物就是这些感觉的组合。构造心理学家把复杂的事物看成是许多孤立的简单事物相加的观点,显然不能说明实际的知觉现象。例如,一个正方形是由四根线条组成的,但我们肯定不会把它看成是四根孤立的线条,而是看成一个有四条边的正方形整体。为此,格式塔心理学派(Gestalt Psychology)认为,知觉是按照一定的规律形成和组织起来的。图形组织的原则和规律主要有以下几个方面。

　　1. 图形与背景的分离。在一个复杂的图形中,只有一种知觉组织结构是主导的,并且这种主导结构必定要作为图形呈现出来,其余部分就构成了背景。在图 5-5 的例子中,中间的一些汉字"图"构成了一个大的"工"字图形,以此为视觉目标时,旁边的汉字"工"便充当了背景的角色。因为当某个图形在视觉上突显出来时,其余部分就退而成为背景了。这种图形与背景的分离,是人类视觉的基本特性。

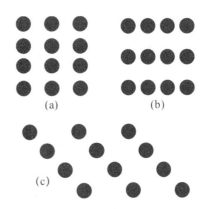

图 5-5　图形与背景的分离　　　　　　图 5-6　图形的接近性

2. 接近性。图形在空间上比较接近的部分在视觉上易形成一个整体。图 5-6 中的黑色小圆,在空间关系上,(a)图中竖行的圆比横行的圆更加接近,所以容易把圆看成是竖行而非横行排列的;同样,(b)图中的圆可看成是横行排列的;而(c)图的圆在斜线方向比较接近,因此往往看成是斜行排列的,而且既可看成是左倾斜,也可看成是右倾斜排列的。

3. 相似性。相似的图形,容易形成整体。如图 5-7 所示,黑色的圆彼此相似,同样,空心的圆彼此相似,所以它们被看成各自形成整体而隔行排列。一个图形,如果接近性原则和相似性原则同时起作用,在一般情况下接近性原则的作用占主导地位。注意图 5-8 的图形,根据接近性应该看成横行排列,根据相似性则应为竖行排列,观察时这两种知觉均可能发生,但接近性的作用更明显,即更容易看成横行。当然,由于相似性原则的影响,接近性也变得不甚稳定了。

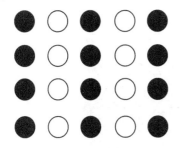

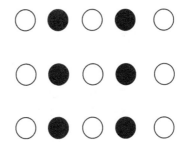

图 5-7　图形的相似性　　　　　图 5-8　图形的接近性与相似性的关系

4. 连续性。在一个按一定顺序组成的图形中,如果有新的成分加入,那么这些新成分容易被看成是原来图形的连续。在图 5-9 中,a、b 和 c、d 均为新出现的成分,虽然根据相似性原则,a、b 和最后的黑点一样,且距离更近,但视觉肯定把 c、d 看成是这串黑点的延续,而不容易将 a、b 看成是图形的一部分。

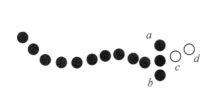

图 5-9　图形的连续性　　　　　　图 5-10　图形的封闭性

5. 封闭性。一个封闭的图形容易被看成是一个整体。例如人眼容易把图 5-10 的图形看成是两个圆圈,而不会把它看成是一串连续的点构成的线。这一原则,也叫完美图形原则,因为人们总是把圆形看成是更完美的图形。

6. 良好性。视野中的图形一般都可以说出它的意义,即人眼看到的总是可能出现的各种组合中最有意义的图形。如图 5-11 所示,人们总是将它看成是由一个长方形和一个椭圆形交叉而成的。尽管按照图形的封闭性,可看成是由三个封闭的图形组成的,但因为后一种组合方式不够良好,因此不可能形成稳定的视觉结果。

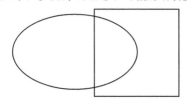

图 5-11　图形的良好性

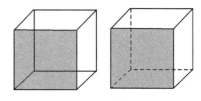

图 5-12　主观定势对图形识别的影响

7. 心理学因素:定势与过去经验。这一因素与上述原则不同,是依照个人的主观条件而改变的因素,也可称为对图形组织的非刺激性因素。定势也称倾向,当组织原则不明显起作用时,使观察者自己能够在刺激图形中任意地从一组对象中看到各种不同的分组。如图 5-12 所示的立方体图形,灰色的面既可看成位于最前面,又可看成位于最后面。这些不确定的视知觉取决于观察者的心理定势。但如果将某些边画成虚线,恐怕绝大多数人会认定灰色的面位于最前面了。此外,观察者的已有经验对于知觉对象的分组有很大的影响。例如,一行连续的中文字,字间间隔相等且没有标点符号,中国人一般能根据经验很快作出正确的分组,而初学汉语的外国人则几乎不可能做到。如图 5-13 所示的线条列阵,很难说清箭头所指的是突起还是凹进的。当感觉突起的视觉定势占主导时,看起来就是突起的,反之则是凹进的。每个人的视觉都可以在这两种感觉之间转换,取决于视觉的定势。

图 5-13　视觉定势的作用

5.1.3　图形的掩蔽

图形的掩蔽是指知觉中一个刺激所处的状态可以因另一个刺激的影响而发生变化的现象。被掩蔽的刺激称为测验刺激(T),它与掩蔽刺激(M)既可同时出现,也可以有极短时间的先后差距。如果 M 在 T 之前出现,则称为顺行掩蔽,M 在 T 之后出现则为逆行掩蔽。Werner 在 1935 年研究图形的轮廓时发现了轮廓的掩蔽现象。他对同一个视网膜区域连续而迅速地呈现两个图形(图 5-14),A 为一个黑方块,B 为一个同样大小的白方块,但由黑框环绕四周。先呈现黑方块 20 毫秒,经过 150 毫秒的空白间隔,再呈现右边的白方块,这时会出现黑方块完全看不到的奇异现象,即黑方块受到了掩蔽。而如果将两种图形的呈现顺序对调,即先 B 后 A,则两个图形都能够看到。而且,即使不是使用同一只眼睛看刺激目标,掩蔽现象仍然存在。这说明掩蔽是由大脑中枢而非视网膜实现的。

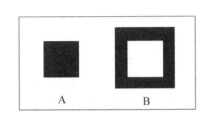

图 5-14　图形的掩蔽　　　　　　　　图 5-15　认知性掩蔽实验

　　上述掩蔽现象的解释是,B 图形的主要部分是黑框,当它继 A 图形而呈现时,A 图尚未完全建立的轮廓就被 B 图的相反明度差别消除掉了,因而被视觉所忽视,即产生掩蔽现象。而当 B 图先呈现时,由于它内外两侧的双重对比特别强,可以在极短的时间内建立轮廓,因此不产生掩蔽现象。在视觉感知同时呈现或相继呈现的多种刺激时,引起人们情绪激动的"情绪性刺激"可以使之对其他刺激的觉察能力受到抑制性影响。这种在知觉中各刺激之间出现的干扰效应称为"认知性掩蔽"。如 Appelbaum 在 1973 年曾对一些犹太人做过一个实验,如图 5-15 所示,当将八个中性符号与一个纳粹符号相继呈现时,被试者对周围的中性符号的识别能力明显下降,而如果中央的符号也换成中性,这种情况就不会出现了。这说明,具有象征意义的视觉刺激,会干扰视觉对其他临近刺激的感知能力。

5.1.4　图形的形状视觉理论

　　格式塔心理学派认为,图形视觉的组织性是大脑本身所具有机能的表现。在视觉刺激下,眼视网膜的感受细胞接受刺激,引起神经兴奋,这些兴奋传到大脑皮层,按照图形的组织原则产生力的吸引或排斥,形成一定的电动势图式。这个电场的分布图式表现为所看到的图形。因而,格式塔的理论叫做场的理论。这个理论的基本假设是,视知觉现象和脑中的电场是同形态的,二者服从相同的规律。知觉的组织性是脑的原始物理过程的体现。它是无须学习而自生的心理现象,属于先念论的范畴。

　　事实上,知觉的组织性是客观刺激物的规律性反映。外界事物本身具有接近性、相似性、连续性、封闭性等空间特性。它们不是脑中固有的原则。现代神经生理学还没有发现大脑中有形成知觉的场分布。知觉是客观刺激物的主观映象。此外,人的主观态度、过去的经验都在知觉中起着重要作用。

　　Hebb 根据现代神经生理学材料,以及眼球运动的事实,提出了一个与格式塔理论相反的理论——"细胞联合"学说,认为知觉是后天学习得到的。他对盲人复明的材料进行了分析研究。这些材料表明,自幼失明的盲人经过治疗复明后,需要经过一段时间的学习才能获得图形视觉。神经生理学还发现,视网膜刺激与中枢神经兴奋之间有某种空间对应关系。

据此 Hebb 提出细胞联合的假设。例如,在一个三角形图形的刺激下,眼睛按着三角形的扫描路线运动,连续地注视图形轮廓的特征,使相应的神经冲动传递到大脑。在脑内,神经过程也是按照三角形路线活动的。神经元 A 向神经元 B,再向 C,然后再向 A 传递冲动。形成了 A—B—C—A—B—C—A…的闭合通路,也就是形成了 A—B—C 的细胞联合。当脑中经常活动的神经元建立起一个闭合通路系统,形成一组细胞联合时,这组细胞联合的整体活动就相当于三角形的简单知觉形象了。

当一组细胞联合建立起来以后,刺激一个神经元会引起整个细胞联合的响应。每一组细胞联可以独立地活动,也可以与其他细胞联合建立联系,因此一组细胞联合的活动也会引起另一组细胞联合的冲动。另外,即使没有外界刺激,细胞联合仍可以自主地振荡。这种活动就相当于复杂的视知觉和表象等心理活动。

感知过程都伴随着一定的动作。观察一个物体时必定伴随眼球的运动,同时视觉也曾伴随过手的触摸运动,所以这组细胞联合也和脑的外导系统建立联系。因而细胞联合的活动具有运动成分,有助于促成相应的动作实现。

应该指出,视觉过程涉及物理学、光学、神经生理学及心理学等方面的因素,是一个极为复杂的认知过程,人们对这个问题的认识还处于很初步的阶段。因此 Hebb 的学说在大多数方面仍然是过于简单化了。

5.2　视觉对图像的识别

5.2.1　人眼对图像识别的特点

人类能够从大量的视觉信息中识别出熟悉的图像或客体,这是人类最惊人的认知能力之一。人们日常生活中的各种活动,从人群中认出熟悉的朋友,从一大批自行车中很快找到自己的车子,看懂一幅图画,以及阅读书籍等,都需要依靠图像识别。正因为图像识别在人们的生活和工作中司空见惯,以至于很少有人认真想过这其实是一个相当复杂的过程。到目前为止,人眼对图像的识别问题的探讨仍处在开始阶段。图像与图形及模式都是同义语,只是由于习惯,人们常常将较为复杂和有意义的图形称为图像,或者说,观察者感受一组复杂的刺激,能够认出它是属于经验过的某一客体,这组刺激就成为一个图像。图像识别在英文中也称为模式再认或模式识别(Pattern recognition)。为习惯起见,我们仍采用图像识别的说法。

感觉简单的刺激,只要求一定形式和强度的刺激作用于感觉器官,图像识别则涉及更高级的信息加工。图像识别是一种再认活动,即当图形刺激作用于感觉器官时,人眼辨别出它是经验过的某一图形,所以也叫做图像再认。在图像识别中,既要有当时进入感官的信息,也要有记忆中存储的信息。只有当存储的信息与当前信息进行比较和加工处理后,才能实现图像的识别。所以图像识别不仅仅是视觉过程,也涉及一系列的心理过程,包括感觉、知觉、记忆、认知、搜索、形成概念,直到最后完成刺激的再认。

熟悉的图像,无论落在视网膜的什么位置,人眼都可以快速而准确地识别它们。但是,如果一个图像是全新的,视觉的识别就不那么容易了。例如图 5-16 的图像,当它水平呈现给人眼时,往往被看成是一只狗;而当图像垂直呈现时,多数人将它看成是一个厨师的头;倾斜 45°时,又变成一个双关图像。一般而言,在被试者观察上述水平或垂直呈现的非双关图像后,便形成一种偏见,并往往以这种偏见去看 45°的双关图形。就是说,如果他看过"狗"图像,就容易把双关图像看成"狗",反之则为"厨师头"。因此,图像的"痕迹"在视觉神

图 5-16　双关图像的识别

经系统中有定向作用。此外在空间上,出现在视网膜相同部位的图像,要比出现在不同部位的图像更容易发生先后影响。

　　日常经验还证明,刺激的旋转能产生知觉的变化。例如,人的面孔是有一定方向的图像。对于人的面孔的识别原则上需要辨认很微细的特征,但由于我们每天在进行面孔的再认,所以并不觉得困难。但是对于不同种族的外国人面孔的辨认就比较困难。我们总觉得外国人的面孔都相似。儿童再认同学的照片并无困难,但是有科学家发现,把同学的相片倒过来让儿童辨认时,他就会感到非常费力,这说明对倒置面孔的记忆要比正立面孔的记忆差得多。也许大多数人会从图 5-17 的图像中看到一座孤岛、两棵大树、一条大鱼和一个渔夫等,很难想象这其实也是一只倒立着的大鸟,嘴里叼着这个渔夫。将书本倒过来看,一切就都豁然开朗了。

图 5-17　图像状态对识别的影响

　　人们识别更复杂的图像,如阅读文字、识别不完整的或不确定的图像,还必须考虑眼睛运动的作用。阅读旋转 90°的书页,眼睛需要上下运动,改变这种过渡学习的运动技能是不容易的。而书页旋转 180°,阅读时眼球是以相反的方向,即从右向左的运动。对于中国的年轻人而言,阅读时把眼睛的运动改变为从右到左,即阅读我国台湾某些文字从右到左排版的报刊,比改变为上下运动(即阅读古代和近代书籍的方式)要容易一些。这说明了为什么旋转 180°(把书页倒置)比旋转 90°的书页更容易读些。1976 年 Kolers 发现,被阅读过一次上下反转的文字材料以后,两年之后仍然可以用较快的速度读出相同的材料。

　　图像方向改变后人眼仍能识别出来,还可能是由于图像特征的作用。一般说来,不管图像怎样转动,它的特征是不变的。一个旋转的 A 仍然只有一个尖头;一个旋转了的 P 仍然有一个封闭的圈;一个 Y 的中心总有一个锐角;一个 C 总是个没封口的半圆圈等等。如果识别是以这样一些关键特征为基础的话,也同样能够不受旋转的干扰。此外,除了图像方向的

变化对识别的影响外,图像的形状和大小恒常性也起着明显的作用。当把书本向后倾斜,使书页上字母的视网膜像变形时,对字母的形状知觉却保持不变。又如当前后移动书本时,尽管文字的视网膜像大小发生了变化,但看起来文字的大小却变化很小。不仅对熟悉图像的识别是这样,就是对不熟悉的图形的知觉也基本上保持了原来的形状和大小。可见,并不是由于再认而保持了恒常性,相反,再识别之前已经有了知觉恒常性。正是由于这种知觉恒常性使得识别成为可能。

对简单图像的识别,人眼不需要努力就能立刻再认出它的某些成分;而对于复杂图像,如潦草的文字材料,则就需要花费一定的努力才能加以识别。要识别这种图像,观察者必须辨别和确认某些字迹或段落,而且往往需要依靠对上下文的理解才能做到。对于难以识别的图像,则需要经过一系列不同层次的信息加工过程才能加以识别。如读书时,一般先识别汉字的一部分,再识别整个汉字,直到整个句子。读者一旦认出汉字的主要特征,并能读出字的音和掌握其意义之后,识别时就不再需要辨别其他细节。在每一本书中总能出现不少的错别字,即使几经勘误,仍然难以完全消除,原因之一就是在已经掌握了字和句子的意义后,校样阅读时往往不再注意句子的结构和字的细节。

5.2.2　模板匹配理论

外界刺激作用于感觉器官,人们认出它是经验过的一个图形或东西,这就完成了对图像的识别。模板匹配(template matching)理论认为,识别某个图像,必须在过去的经验中有这个图形或东西的"记忆痕迹"或基本模型,这个模型又叫"模板"。当前刺激如果与大脑中的模板符合,就能识别这个刺激是什么。也就是说,一个图像是通过它与模板相匹配而加以识别的。模板匹配的模式在生活中并不罕见。例如,在银行里留下一个图章和签名作标准,在取款时如果所带的图章或签字与原有标准相匹配,取款就发生效力。又如在公安机关已经广泛采用的指纹识别系统,就是根据罪犯在犯罪现场留下的指纹与电脑内已有的指纹档案的匹配来找到罪犯的,电脑内存贮的指纹档案即为模板。应该指出,人眼的模板匹配识别能力,要比电脑和机器人视觉系统完善得多。比如,在人眼前放置一个茶杯,不管茶杯是正的、倒的还是斜的,人们总能毫不费力地立即识别出这是一个茶杯,而电脑却无法识别。因为电脑一般只能识别与其内部所存贮的茶杯模板的大小、形状及取向完全一样的实物。此外,即使茶杯缺了一个角或者已经破损,人们仍然能够立即判别这是一个茶杯,而一般的电脑和机器人视觉无法做到这一点。

当然,完全以模板匹配理论来解释人眼的图像识别能力也是不完备的,或者说是机械的。因为根据这一理论,外界刺激与模板必须完全符合。例如,只有当看到与上文提到的茶杯模板的形状、大小、取向甚至色彩完全相同茶杯实物,人们才能识别出这是茶杯。显然,这不可能是实际的视觉识别过程,因为我们可能见过许多茶杯,但对于某一个特定的茶杯,往往是第一次见到;即使曾经见过同类型的茶杯,它们的形态和它们在视网膜上的位置肯定不同。这样一来,仅仅为了识别茶杯,人的视觉系统或大脑内岂不是要存贮成千上万种茶杯的模板?那样的话,要识别一个茶杯必将十分困难和费时,更不用说要识别现实世界中无数形形式式的实物和图像了。但事实是,人眼在现实中既能很快识别与基本模式一致的图像,也能识别与基本模式不完全吻合的图像。例如字母 A,有印刷体的,也有手写的,有罗马字体的,也有空心体的,其中手写的字母形态肯定因人而异,大小与取向可能千差万别,这里的每一种变化,都破坏了模板匹配理论所必需的基本条件,即刺激与基本模式的一致性,但人眼都可以识别它们。因此,模板匹配理论所存在的问题,还必须由其他方法来解释。

格式塔心理学家提出了原型匹配(Prototype matching)理论。这种理论认为,眼前的一个字母 A,不管它是什么形状,也不管把它放在什么地方,它都与过去知觉过的 A 有相似之处。人们在长时记忆中存贮的并不是无数个不同形状的模板,而是从各类图像中抽象出来的相似性特征作为原型,拿它作为识别实物的基本图像。这是所有知觉系统所遵循的节约原则,知觉系统总是以最小的记忆和认知空间,来完成最多最复杂的外界信息的接收和处理的。根据原型匹配理论,如果所需要识别的图像能找到一个与之相似的原型,那么这个图像就被识别了。仍以字母 A 为例,在人们大脑中存贮有一个理想化的但却包含 A 的一切主要特征的原型作为 A 的模板,以后不管是看到印刷体的或是书写体的 A 字,只要它们具有 A 的主要特征(图 5-18),视觉系统就可以很快识别这是一个 A 字。人们之所以不会把 △ 看成 A 字,是因为前者的下部与 A 字的原型模板不同,此时就要去寻找更符合字符 △ 的原型模板了。

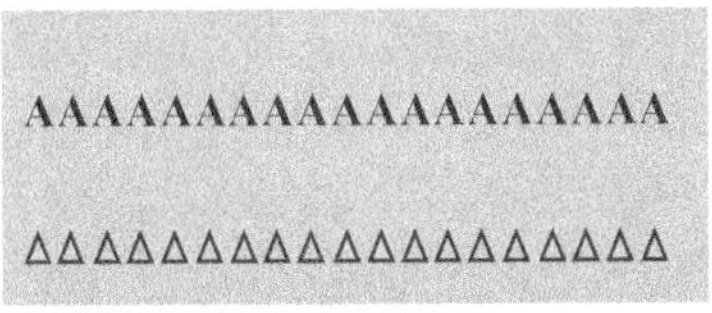

AAAAAAAAAAAAAAAAAAAAAA

△△△△△△△△△△△△△△△△△△△△△△

图 5-18　字母"A"的模板:A 或 △

尽管原型匹配理论能够更合理地解释图像识别的一些现象,但是它仍然没有说明人眼是怎样对相似的刺激进行辨别和加工的。例如,B、P 和 R 的特征很相似,但人们却能对它们加以区别,而很少把它们混淆起来。原型匹配理论所说的相似性好像只是对所观察的事实加以重述而已,即把那些被识别的刺激说成是相似的,符合原型的;而那些没有被识别了的刺激则被认为是不相似的,不符合原型的。这样,一个刺激能否被识别,就很难加以预测,因为它和原型是否相似,并没有一个严格的标准。原型匹配理论并没有给出一个明确的图像识别的模型或机制,因而也难以在计算机模拟程序中得到实现。我们在日常生活中识别千变万化的图像并不费力,其中必然涉及极其复杂微妙的机制。只有揭示这种机制,才能提出更好的图像识别模型。不过,根据简单的模板匹配理论和模型,人们已经发明了一些图像识别机器,公安部门的指纹识别系统和国外银行采用的眼底识别系统,就是两个典型的例子。现在,指纹识别系统也已经在一些国家应用于海关,出入境人员只要把手指头在扫描器上放一下,指纹识别系统就可在两三秒钟内判别其身份,从而避免了繁琐的证件核对手续。

5.3　视错觉

错觉是对客观实物的不正确的反映。各种感知觉中都有错觉现象,而以视错觉表现得最为明显。视错觉(Visual illusion)就是当人或动物观察物体时,基于主观经验或不当的参照而形成的对物体的错误判断和感知。其中人们研究得最多的是各种几何图形的视错觉,此外还有颜色错觉、明暗错觉、大小错觉、远近错觉、运动错觉等。

5.3.1 几何图形的错觉

当我们把注意力只集中于线条图形的某一特征,如它的长度、弯曲度、面积或方向时,由于各种主观因素的影响,有时感知到的结果是不与实际的刺激模式相对应的。这些特殊的情况被称为"几何图形错觉"。通常在有规则的线条图中表现得最明显,如图 5-19 所示的 A图;但是在不规则的图画中也可以得到表现,只是没有前者明显,如图 5-19 中的 B 图。在这些图形中,线段 1 和 2 原本是在一条直线上的,可是在人眼看来它们在横向好像错开了。有些错觉甚至在日常生活环境中通过实物也可以得到表现。

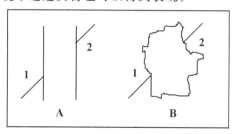

图 5-19 横向位移错觉,线段 1 和 2 原本在一条直线上

图 5-20 是一些常见的几何图形错觉。错觉图形是多种多样的,基本上可以根据它所引起错误的倾向性分为两类。一类是数量上的错觉,包括在大小、长短方面引起的错觉;另一类是关于方向的错觉,如平行线错觉等。图 5-21 所显示的"拧绳"错觉也是一种方向错觉,左图中的圆圈看起来好像是向内部旋转的螺旋,而且这种错觉十分强烈,只有当得到这些圆圈其实都是封闭的同心圆的提示后,再用笔或尺子去比划圆圈,才能相信他们的真实结构形态。右图的英文单词"LIFE"中的每一个字母都是整齐排列的,只是由于受到背景的干扰,看起来都变成歪歪扭扭的了。

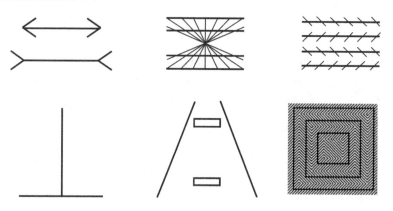

图 5-20 一些常见的视错觉几何图形

对于错觉的研究开始于一百多年前,但是到目前为止,人们对多数错觉的解释仍然不甚清楚。只是由于在错觉中有些一般规律是起作用的,研究它可以给我们提供了解一般知觉过程的线索,因此对它的研究有重要的理论意义。例如,当我们已经确定人们对视网膜像大小进行评定时是把距离考虑在内的,我们就能够预知,如果视网膜像保持恒定,只要距离信息发生变化,人们就会产生大小错觉,比如透视错觉。因此,有些错觉现象是可以用某种视觉规律来解释的。此外,对错觉进行研究可以有助于消除错觉的消极影响,或根据特殊需要

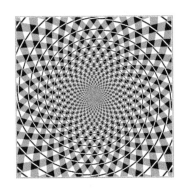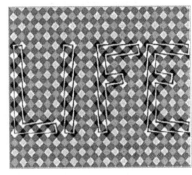

图 5-21　螺旋形与直线形拧绳错觉

有意识地引起他人产生错觉。

目前,关于视错觉的解释主要有如下理论。

1. 眼球运动说。这种学说认为关于物体长度的印象是以眼睛对该物体从一端到另一端进行扫描为基础的。由于通常眼球作垂直运动比横向运动较为费力,因此就产生垂直距离似乎比相等的水平距离更长一些的错觉,即横竖错觉。在观察图 5-20 中的箭头错觉图形时,向内收缩的箭头使眼球移动的距离较小,而向外伸展的箭头使眼球运动超出了主要线段的长度,因而就得到第一条线比第二条线短一些的印象。这种理论的另一种表达方式是假定这种刺激模式只引起眼球运动的倾向,即使实际的眼球运动并不产生,这种倾向性就足以引起长度差别的印象了。

眼球运动学说是早期对于少数几种几何图形错觉的重要解释,但缺乏科学依据。有人曾证明在视网膜像固定的情况下,几何图形错觉仍然是存在的,因此不能单纯以眼球运动来解释视错觉。

2. 透视说或常性误用说。某种特定的视觉模型可以造成深度的印象。例如由一条向远方延伸的铁轨所产生的视网膜像会引起深度的印象,甚至是它的照片或图画,虽然是平面的,也能引起人们的深度印象。将某些大小尺寸相同的目标放在不同距离上,虽然其视网膜像逐步缩小,但在客观上它们的大小必然一致,例如立在铁轨两侧的树木或电线杆;反过来,如果几个物体位于主观上不同的距离,而画成了相同的大小,它们将被视为大小不同,图 5-22 中的三个人可以显示这种错觉效应。图 5-23 也显示了类似的情况:其形状受到表面斜线条的影响。在图中正面中央的一条直线被看成是伸向前方的折线,而最上方的两个钝角和两个锐角又被看成了四个直角。这种效应产生于我们在评定大小和形状时,把距离和倾斜都计算在内了。透视错觉也可以认为是根据下述情况产生的,即人们倾向于把线条的模式看成日常经验的三维物体。图 5-24 的房间错觉,左图的中央竖线看起来比箭头部分距离观察者更远,它处于扇形部分的最远端,即房屋内部最远的墙角。与此相反,右图中央竖线所代表的墙角离我们最近。根据这种未明确意识到的逻辑推理,或者说透视暗示,左图中的竖线就显得比右图中的竖线长一些。

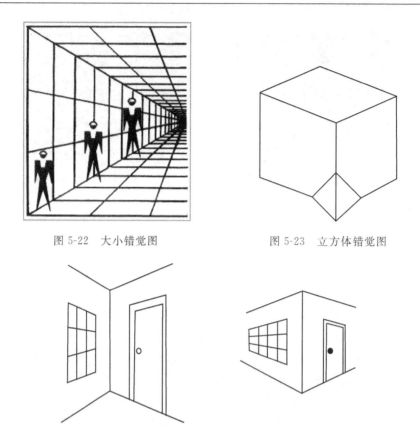

图 5-22　大小错觉图　　　　　　　　　图 5-23　立方体错觉图

图 5-24　房间错觉

3. 对比和同化说。虽然对比本身也可视为一种有待解释的现象,但许多心理学家愿把错觉归于对比效应。在图 5-25 的错觉中,由于左边的主体圆圈的大小和面积被外部或内部的圆圈对比同化了,因此它们看起来分别比右边等大的圆圈显得大些和小些。右图的圆形则由于背景线条的对比参照而变得扭曲。

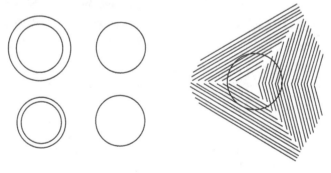

图 5-25　对比或参照造成的错觉

4. 混淆和错误比较说。有些错觉用上述几种理论都不能解释。比较学说认为,人眼观察图形时,不仅仅对主体部分作比较,而且还比较整个图形,有时即使想去比较主体部分,但事实上很难做到,因而造成错误的知觉。当人眼观察图 5-26 的图形时,左边箭头中间的线段看起来比右边的高一些。这里没有长度错觉,但箭头的向上和向下的扩展形态,给人造成了中间线段高低不一的印象。另一个例子是图 5-27 的图形,从 a 圆的最右侧到 b 圆的最左侧的距离,实际上与 b 圆的最左侧到 c 圆的最右侧的距离是相等的,但看起来前者明显大于后者,而且人们也许根本无法有意识地对此进行比较。

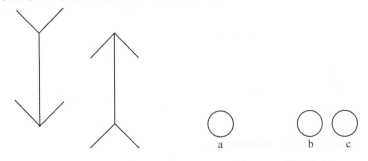

图 5-26　上下位置错觉　　　　　　　　　　图 5-27　距离错觉

　　5. 神经移位说。除了上述学说外,神经移位说认为,神经系统中一定部位上的活动能够抑制其临近区域的活动。因此,被抑制部位接收到的图形刺激就弱一些,反映在大小、长度或面积上,就显得比实际值小一些。这种学说可以解释一些视错觉现象,但在解释其他许多错觉现象时是不能成立的,在此不作赘述。

5.3.2　日月大小错觉

　　千百年来,人们总在争论为什么初升或下山的太阳和月亮总显得大一些,但至今没有明确的答案。如果用照相机把初升的月亮和处在天顶的月亮拍下来,就会发现它们其实是一样大的,甚至天顶的月亮反而可能更大一些。这是因为天顶的月亮亮度更大,使得照相底片上的影像边缘出现弥散的缘故,此外,天顶的月亮离我们实际更近一些。因此,天顶的月亮比地平线上的月亮大百分之二左右,只是人眼无法觉察出这一区别。就我们的觉察能力而言,月亮在一天中的任何时刻与我们的距离几乎都是不变的。对于太阳来说,这一说法可以说是十分精确的。

　　日月大小错觉的记载最早见于两千多年前的中国古籍。《列子》中记载“孔子东游,见两小儿辩斗。一儿曰,我以日始出去人近而日中远也。一儿曰,日初出远而日中近也。一儿曰,日初出大如车盖而日中则如盘盂,此非远者小而近者大乎? 一儿曰,日初出苍苍凉凉及日中如探汤,此非近者热而远者凉乎? 问于孔子,孔子不能答。”后来,有人解释为什么初升的日月看起来大一些,是因为地平线附近有建筑、树木或山川的映衬而造成的。另有一种理论是以人对高空缺乏经验来解释这一错觉。这一理论认为,一般人在高度方面的实际经验不过是登高山或乘坐飞机,最多也不超过几公里的范围,而在远近方面的知识和经验却非常丰富,如几十甚至数百公里远的山川、广阔的田野等。在这种情况下,人们就容易将天心的日月用较近的距离来判断,最远不过几公里,而对地平线上的日月则用较远的距离来看待,看成是比原有经验过的几十或几百公里以外的目标。这样,由于两者的视角几乎一样大,主观距离远的,就被看成大一些,即初升的日月看起来比天顶的大一些。

　　对日月错觉比较完善的解释于 20 世纪 40 年代提出。研究者根据实验提出这一错觉是由于眼睛上仰观察造成的,当上仰观察高空的太阳或月亮时,双眼视轴会向内转动,使得两者的交点不是在无限远处,给人造成的暗示是天顶的月亮位于较近处;而当观察地平线上的日月时,双眼视轴不会向内转动,两者交点在无穷远处。根据人们对距离的经验,视角相同时,距离较远的物体大一些,距离较近的小一些。因此,双眼视轴转动所造成的距离暗示,是导致日月错觉的主要原因。这一理论也可以用普通的实验加以证实,如果我们仰卧在桌子上,把颈部放在桌子的边缘,头向后仰望地平线上的月亮,便会产生和通常的经验相反的知觉,即初升的月亮比运行到天顶的月亮小。还有一个事实是,天生一只眼睛的人,由于不存在双眼视轴的转动,因而是没有日月大小错觉的。

5.3.3 不可能图形

不可能图形觉是一种视觉上看起来封闭和完整,却不可能在实际中成立的图形,因此也可归结为一类视错觉。图 5-28 左边的立体结构视觉上是完整的,在现实中也可以制作出来,只要用于制作的材料足够柔软,而右图是不可能图形,之所以在视觉上看似完整,是因为观察该立体时眼睛总是只注意到某一局部,事实上,这是一种错觉。

图 5-28 可能图形和不可能图形

当目光注意图 5-29 的下半部分时,看起来有几个工人在庭院里劳动,如果把目光移到图像的上半部分,则是几个人站在阳台上极目远眺。在这里,无论从哪个局部观看此图都是合理的,但整幅图像中出现的情形显然不可能存在于现实中。类似的例子还有很多,不一一枚举了。

图 5-29 不可能图像

5.3.4　其他视错觉

除了上述的错觉外，还存在明暗错觉、颜色错觉、位移(运动)错觉等视错觉。图 5-30 由两块相同的明暗渐变的区域拼接而成，看起来却显得左边区域淡一些，右边区域深一些。这是由拼接处两边的明度对比所造成的错觉。

图 5-30　明暗错觉

图 5-31 为颜色错觉实例。左图中两个灰色半圆环的实际明度完全相同，而在视觉上看来下面的半个显得灰暗一些，上面半个明亮一些。将圆环的灰色替换为彩色，错觉效果类似，即上面的圆环看起来颜色鲜艳，下面的稍显灰暗。同样，右图的四个心形的灰度完全相同，但看起来很不一样，换成彩色后错觉效果完全类似。这类颜色错觉的产生原因，大体上可归结为目标色与背景色的交互作用，参见第七章。

图 5-31　颜色错觉

位移或运动错觉是另一种常见的视错觉。当你用眼睛去看图 5-32 时，会发现图中的点阵在蠕动，在电脑屏幕上观察同一图案时蠕动更明显。我们认为这是由于眼动和调节微波动造成的，看这些点阵时，双眼在不由自主地作微小移动，造成视网膜像位置的微动，并伴随晶状体调节的微波动，从而导致蠕动错觉。如果注视图中央的白点，这种蠕动会随之消失。有关运动视错觉及运动后效的问题，将在第八章作进一步阐述。

5.4　图形后效现象及其机制

Gibson 在 1933 年发现了另一种有趣的视觉现象，当被试者观察一条曲线一段时间后，

图 5-32　运动或蠕动错觉

这条曲线的曲度就会显得越来越小。另外,在观察曲线一段时间后,再看一条直线,就觉得直线向相反的方向弯曲了。这一现象有些类似于视错觉,但又有别于视错觉,因为它们显然是由于先前对曲线的观察或适应造成的,只受这样的前提影响之后才能发生。这些现象称为图形后效(Figure aftereffect)。

　　图 5-33 是一些典型的图形后效实例。观察左侧每一注视图形一分钟后,再观察中间的直线或圆形,可以发现这些图形看起来成了弧线或椭圆等畸变图形了。另一类图形后效是倾斜后效与空间频率后效。在图 5-34 中,先观察左上图的注视图形 2～3 分钟,然后看中间的光栅图形,看到的栅条不再水平而是好像沿逆时针方向倾斜了,这就是倾斜后效。同样,先观察左下图的注视图形,然后看中间的光栅图形,看到的栅条好像比原来密了一些,即空间频率发生了变化,此即空间频率后效。除了上述后效外,还有瀑布错觉的运动后效、附随性图形后效、单眼特定和双眼特定后效等。其中瀑布后效现象指的是,当我们注视向下奔流的瀑布少许时间后,再去看两边的山石,就会产生山石向上方运动的错觉。瀑布后效既可认为是图形后效,也可认为是运动视错觉。

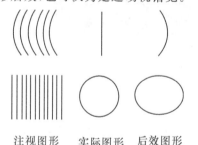

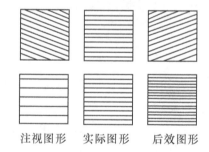

<table>
<tr><td>注视图形　　　实际图形　　　后效图形</td><td>注视图形　　　实际图形　　　后效图形</td></tr>
<tr><td>图 5-33　几种典型的图形后效</td><td>图 5-34　倾斜后效和空间频率后效</td></tr>
</table>

　　影响图形后效的因素有很多,主要有注视图形的结构、形态、对比度、亮度及图形的观察时间等。但到目前为止,对图形后效的解释都还较为初步,如 Kohler 等提出的视皮层电场学说和 Osgood 等的统计学说,虽然都可以对个别图形后效例子作解释,但没有得到有关的心理学和神经生理学实验的支持。

第六章

立体视觉

6.1 视觉与空间环境

眼睛的视网膜是平面的,却能产生三维空间的知觉。因此,人眼肯定是从二维视网膜影像中恢复出三维空间信息的。但是这个过程是怎样进行的,一直是一个令人迷惑的难题。众所周知,环境的光刺激本身能为人的视觉提供空间信息,使人知觉到外界事物的空间关系;另外,人的双眼视觉具有对方向和深度进行信息加工的特殊功能。还有一个有趣的现象是,人的空间知觉并不完全随刺激的物理特性的变化而变化,常常是外界对象的物理特性发生了变化,而人对外界的知觉却仍然是相当稳定的。这就保证了人能掌握事物不变的本质特性,称为知觉恒常性。当然,人眼的空间知觉也不是永远可靠的,在特定情况下会出现各种错觉。

我们之所以能看见和看清周围的景物,是因为周围环境被各种光源发出的光线照亮着。自然界的光源主要有太阳、反射太阳光的月亮、星星、火种、发光生物等等,而人造的光源则数不胜数,如煤油灯、蜡烛、手电筒、白炽灯、日光灯、霓虹灯、发光管、激光器等等。这些光源发出的光以极高的速度向四周辐射,当光线射到不透明的表面时,一部分被反射,其余的则被吸收;而遇到透明表面时,除了被反射和吸收的部分外,大部分光线将从该表面透射过去。反射率低的不透明表面(黑色表面)只反射少量光线,大部分被吸收;反射率高的表面则反射大部分光线,吸收的只是很少一部分。光线在环境中沿直线传播,但如果遇到空气中的水滴和尘埃,将会发生散射。物体表面的反射又分为镜面反射和漫反射。前者是指几乎所有光线被光滑表面沿同一方向反射出去,漫反射则是由于表面太粗糙,以至于反射光线沿不同的方向散开而造成的。

空间环境中只有一部分物体是直接受到光源照射的,大部分物体表面并不直接接收光源照明,尽管如此,这些物体的亮度仍足以使我们获得良好的视觉效果,这是因为它们同样被经过一次或多次漫反射的光线照明。区别于直接来自于光源的辐射光或物理光,这些漫反射的光线称为环境光。来自四面八方的环境光的强度和性质是不同的,环境光的级差或结构,称为光流分布(Optic array 或 Optic flow)。光流分布是视觉的重要物理刺激,包含着各种空间和时间信息。环境光的光流分布给人们的视觉提供了刺激作用,但仅有刺激作用而无刺激信息时,并不能产生空间视觉。例如当一个人身处雾中时,他的眼睛和视网膜也会受到光刺激,但由于没有观察对象,从各个方向来的光线几乎都相同,所以只能有光亮和黑暗的知觉,而无法看见东西。因此,光的刺激作用本身并不一定包含刺激信息,只有当环境光的刺激作用有一定的级差,即存在光流分布的刺激信息时,才能产生良好的视知觉。

　　人们在环境中的任何一点向四周观察时,都可以看到特定的环境光的光流分布。一般而言,近处的目标看起来大而清晰,远处的景物则显得小而模糊,形成近处稀疏远处密集的光流结构。如图 6-1 所示,构成左图和右图的基本像素是一样的,都是由相互交叉的直线所构成的网格。但这些网格的结构不同,左图构成了近疏远密的光流分布形式,在视觉看来似乎是一个由近处向远处延伸的平面;右图的网格大小均等,因此没有三维深度的视觉效果,看起来只是一个平行于纸面的二维平面。

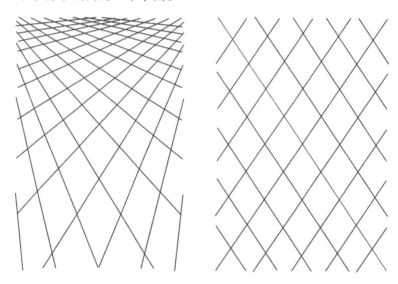

图 6-1　不同光流结构引起的视知觉

　　图 6-2 所示是不连续的光流结构,由此形成了不同的空间视觉结果。左图的线条在中间位置发生折变,看起来好像由两个成一钝角的平面组成;右图的光流在中间间断,然后重新起头向观察者射来,其视觉结果是两个互相剪切的平面。不连续的光流分布也提供空间结构层次或空间弯曲的信息,见图 6-3。

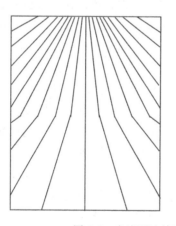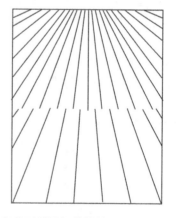

图 6-2　光流不连续引起的不同视知觉结果

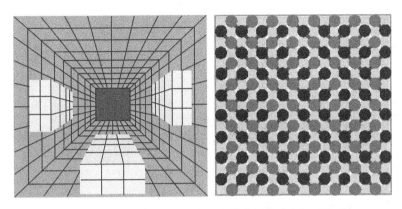

图 6-3　不连续光流动引起的空间结构层次和空间弯曲感

6.2　双眼视觉与双眼视差

6.2.1　中央眼

人类的空间视觉和立体视觉主要是由双眼来实现的。借助于双眼视觉,既可以弥补单眼视野的不足,使我们的视野得以扩大;也可以克服生理盲点所带来的视觉缺陷,让我们始终看不到盲点造成的阴影。而更重要的,双眼视觉是我们获得立体视觉的最重要的基础。

正常人的双眼总是同时在接收来自目标的刺激图像信息,然后通过不同的路径转换和传递到大脑皮层进行处理,最终引起对目标的完整的视觉。这些过程对人们来说已司空见惯,却从来没有感觉到双眼其实是在分别观察周围的景物,所看到的目标也不存在重影,好像是用一只眼睛看到目标一样。因此,可以用一个假想的眼睛来代替双眼,这只眼睛称为中央眼,它应位于前额的正中央,实际的左右眼以此为对称轴。中央眼是进行空间定向的重要依据。视觉的方向既不是左眼的正前方,也不是右眼的正前方,而是以自己的身体作中心,从中央眼向正前方透射的方向。人们还以此来确定物体是在左侧还是右侧,因此,人类是依靠中央眼的视觉正方向来确定目标的空间位置的。

6.2.2　双眼视轴的辐辏

空间深度或距离的信息,既可通过视觉接收到的光流分布情况来获得,这是外部信息;也可以从主体内部由眼睛本身来提供,其中眼外肌的运动信息和晶状体的调节作用起着重要作用。在观察外界对象时,除了晶状体要对景物清晰成像外,双眼的视线也必须对准目标,即视轴向内转动,最终相交于目标上,这一过程称为双眼的集合或辐辏。双眼视线所成的角度,称为辐辏角。显然,看近物时,双眼的辐辏角增大;看远物时辐辏角减小;看无穷远处时,双眼视轴基本平行,辐辏角为零。在这里,目标距离的远近决定了辐辏角的大小,反过来,辐辏角的大小隐含了距离远近的信息,见图 6-4。

当目标在近处相对于观察者前后移动时,双眼的辐辏角随距离的变化非常明显;而当目标远于一定距离后,辐辏角随距离的变化将十分微小,双眼几乎无法分辨出来,在这种情况

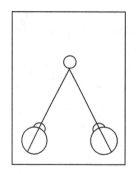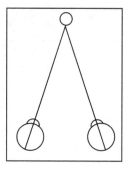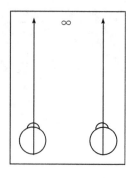

图 6-4　不同视物距离时双眼视轴的辐辏

下,辐辏机制对空间深度的知觉基本上不起作用。

6.2.3　双眼单视圆与双眼视差

早在 19 世纪 Muller 等人就发现,当两只眼睛的中央凹注视空间的某一点时,由于目标落在左右眼视网膜的对应点上,因此可产生单一的视觉。这时如果其他目标的图像也投射到视网膜的对应点上,也可引起单一视觉。根据几何学原理,能够使双眼产生单一视觉的目标点,位于一个通过双眼节点的圆周上,这个圆周叫做双眼单视圆或双眼单视界,如图 6-5 所示。

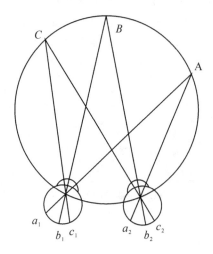

图 6-5　双眼单视圆

当双眼注视一个对象时,如果另外一个对象不在双眼单视觉圆上,那么后者在左右视网膜上的像并不位于对应点上。如果它们在视网膜上的位置差别很大,便出现复视现象,即把目标看成两个像。例如当我们注视远处目标时,同时把手指头放在眼前不远处,看到的手指便出现双像。这时闭上左眼,位于右边的手指像就会消失;反之左边的像消失。这种复视称作交叉复视,因为左像来自右眼,右像来自左眼。反过来,如果注视点是手指头,远处的物体就会出现双像,这时的复视是非交叉复视。这些双眼复视现象在生活中十分常见,只是我们不去刻意留心它,而且,双眼往往能够从这些复视现象中提取出三维深度信息,因此复视现象并不影响日常视觉。

当注视一个位于眼前的平面时,左眼和右眼看到的平面像没有任何差别信息,因此视觉结果是一个平面。而观察立体目标时,由于左右眼之间的平均间距约为 65 mm,实际上双眼是从不同角度看物体的,左眼看到的目标像左边的部分多一些;右眼看到的目标像右边的成分多一些。双眼接收到的图像的这些微小差别,经过视觉系统的加工整合,最终形成立体视觉。可见,双眼接收到的图像之间的微小差别,是产生立体视觉的必要条件,这些差别称为双眼视差。由空间深度或目标远近引起的双眼视差,在视网膜上表现为横向视差。以图 6-6 所示的图解来说明,当双眼注视位于单视圆上的一点 B 时,它在左右眼视网膜上的像均位于中央凹,即左右眼像点 b_1 和 b_2 的对应位置相同。而远处一点 A 和近处一点 C 的左右视网膜像的位置,不但与 B 点像的位置有差别,而且每一点的左右眼像的位置也各不相同,如左像 a_1 在 b_1 的右边,右像 a_2 却在 b_2 的左边,C 点像的位置正好与之相反。这些像点位置与注视点 B 的像点位置之间的差别,即为横向视差。按照一般的图形叠加原理,如果以注视点像为基准,将左右眼的图像叠加在一起,除了 B 点是单一视觉外,A 和 C 将产生复视,即应该看到位于同一平面上的五个点,从左到右依次为:c_1、a_2、$b_1(b_2)$、a_1 和 c_2。但事实并非如此,因为视觉系统能够有效地从横向视差中提取三维深度信息,实际的视觉结果是看到三个位于不同距离的点。

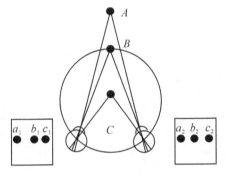

图 6-6　双眼横向视差与距离的关系

6.3　立体视觉机制

从几何学上看,目标的远近或深度的不同造成了双眼视网膜像的横向视差,反过来,视觉系统又能够根据生理学和心理学的机制,从横向视差中提取出三维空间的信息,即使所观察的仅仅是平面图形。当双眼分别注视图 6-7 的图形对并使左右眼的像重合时,可以获得不同的立体视觉效果。从上图看到带黑点的方框向观察者浮起,即看起来比大方框更近一些;从下图则看到带黑点的方框比大方框远。这些视觉结果纯粹是由双眼接收的平面图像引起的,原因是图对中存在横向视差,其几何学解释参见图 6-6。因此,只要双眼同时接收到存在横向视差的图像,就可以产生立体视觉。

构成图 6-7 图对的图形元素是方框或黑点,本身已具有一定的结构。即使用单眼观看,这些结构也一目了然。事实上,产生立体视觉并不一定要求平面图对中的像素具有人们熟知的结构,即并不需要心理暗示。为了证实这一点,Julesz 设计了随机点立体图对。图 6-8 是一对黑白随机点图对,用单眼独立观察,不可能看到有意义的结构。但如果用左眼和右眼分别观察 A 和 B 图,或通过立体镜观察这两个图形,使他们融合在一起,就可以获得神奇的立体视觉效果。我们可以看到在一片随机点大背景中央,悬浮着一个小方块。这是因为构成 A 图和 B 图的随机点像素实际上是一一对应的,只是在 A 图中央小方块区域内的随即点,相对于背景向右平移了一定距离,B 图中央小方块区域内的随机点则向左平移一定距离,两者的对原有位置的偏离即横向视差,正是这一视差造成了立体视觉的效果。

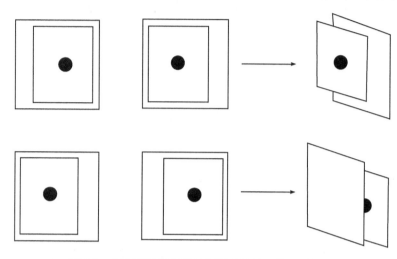

图 6-7   包含不同横向视差的图对及其立体视觉结果

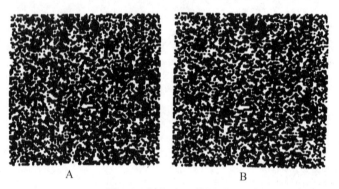

图 6-8   随机点立体图对

　　随机点立体图对或图片有多种制作方法。除了黑白随机点立体图对外,还可以利用补色原理制作彩色随机点立体图对。此外,也有制作在同一背景上的随机点立体图片,见图 6-9。这些图片的制作方法将在第十章详述。随机点立体图片的观察方法是,双眼用一种迷离的目光分别观察图眉的两个小白点(注意:不要刻意去看清它们),可以发现这两个白点会向着中间相互靠近,当两点完全重合时,将目光稍稍向下移动,这时将出现一幅奇妙的景象,在由随即点构成的背景前,赫然悬浮着"3D"两个大字!

　　随机点图对产生立体视觉的事实再次表明,在完全排除了形状和深度暗示的情况下,只要双眼同时观察到两幅存在横向视差的图像刺激,并将它们融合,就能够产生立体视觉,即使这组刺激在单眼看来可能毫无意义。最早的立体视觉理论认为,从双眼视觉到产生立体视觉之前,每只眼睛先要分别对刺激图形进行再认,然后由双眼作比较和混合,才能获得立体感,如图 6-10(a)所示。而人眼对随机点图对的立体视觉说明,在对物体产生再认之前,视觉系统便能够产生立体感,流程图见图 6-10(b)。这样看来,前一种观点显然是不正确的,后

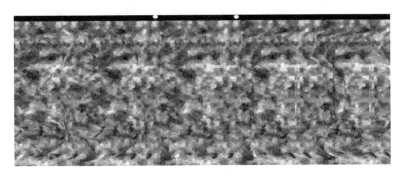

图 6-9　随机点立体图片

一种理论反映了立体视觉的实际。

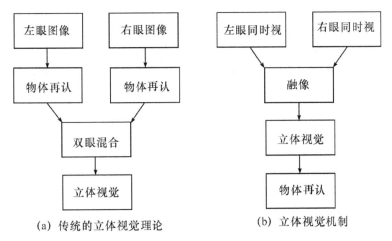

（a）传统的立体视觉理论　　　　　（b）立体视觉机制

图 6-10　两种不同的立体视觉理论的流程图

　　从双眼视觉的几何图解和视觉心理学实验,我们可以得到立体视觉的产生机制:首先,双眼同时观察到两幅包含横向视差的刺激图像,这些图像可以是平面图对,也可以是实际目标在左右视网膜上所成的图像对,这一阶段称为同时视。其次,视觉系统将来自左右眼的平面图对,根据像素的对应关系融合成一幅完整的图像,称为融像。在此基础上,视觉系统将平面的横向视差信息转换成三维立体信息,最终产生立体视觉。也就是说,立体视觉的产生过程分为三个步骤:同时视、融像和立体视。

　　应该指出,在观看随机点立体图形时,大脑必须找出由左右眼输入的许多完全吻合的对应像素,同时又要发现那些具有横向视差的像素对,这样才能获得一幅完整的含有深度信息的立体图像。对普通的立体图对而言,这个过程看起来顺理成章,但对随机点立体图对来说,看起来简直不可思议。因为从左眼和右眼输入的点子是如此之多,每一个点又都很相似,左眼图像中的任何一个点,原则上都可以与右眼图像中的所有点匹配,而这样的匹配的总数,可以说是天文数字。这些无序匹配的结果,势必造成视觉结果的杂乱无章。所幸的是,我们的视觉系统选择了最理想的匹配结果,因为这种匹配最正确也最节省运算量。由此可见,人类的视觉系统或大脑的这种匹配能力是多么惊人。事实上,包括视觉系统在内的任何感觉系统,都遵循以最少的运算通道和运算量代价去获得最大最好的知觉结果这一逻辑。

　　有关立体视觉的生理学基础,还有待于进一步的研究。人眼视觉通路中视神经的部分交叉,以及左右大脑半球间的连接,是双眼具有共同视野的生理学依据,也是产生立体视觉的基础。立体视觉的最终形成,基于大脑对双眼视觉信息的整合。一般认为,立体视觉在特征觉察的信息加工水平上便能完成,不需要更高级认知活动的参加。

尽管如此,人类对立体视觉现象已有充分的认识,并从几何学和视觉心理学等方面揭示了立体视觉的机制,由此发展了各种立体视觉的应用技术,如立体镜、立体电影、立体电视、立体照片等。将在第十章中讨论。

6.4　环境与心理暗示对立体视觉的影响

原则上讲,单眼不可能具备完整的立体视觉功能。立体视觉的产生,主要借助于双眼视觉,只要左右眼接收的图像之间存在横向视差,人们就能够获得立体感,即使刺激图像中不存在任何心理暗示,如随机点立体图对的视觉结果。但反过来,心理暗示和周围环境的物理学因素,对立体视觉的产生确实起着重要的辅助作用。这些因素包括大小知觉恒常性,物体的遮挡,光亮与阴影分布,颜色分布,空气透视,线性透视,运动视差,眼睛的调节,以及人们的视觉经验等。

6.4.1　大小知觉恒常性

视觉对目标的感知,既取决于物体的大小,同时也取决于物体的距离,视网膜像的大小与物体大小成正比,与距离成反比。比如太阳实际上要比月亮大 400 倍,但看起来两者却一样大,原因是太阳差不多正好比月亮远 400 倍。之所以看起来一样大,是因为日月在视网膜上的像几乎大小相同,此外还因为我们没有日月距离以及它们真实大小的经验。实际上,日月的这种大小知觉,在日常生活中是不通用的。试想,如果在 200m 远处有一个人,他的视网膜像大小与 2m 处的另一个人正好相同,那人们肯定会认为远处站着一个超级巨人。相反,如果一个人从 2m 距离走到 200m 远处,尽管他在我们视网膜上的像大小已经缩小了 100 倍,可能仅与近处的蚂蚁像大小相当,但我们仍感觉他是同一个高度一样的人,而绝不会认为他变成了蚂蚁。这说明,人类的大小知觉具有稳定不变的性质,当知觉目标的物理特性发生改变时,知觉结果并不发生变化,这种稳定性或不变性称为知觉恒常性。反映在大小方面,即为大小知觉恒常性。图 6-11 中的路面延伸和远山等因素,给眼睛提供了距离远近的暗示作用,在远处的树木 B 看起来与近处较高的树木 A 几乎一样高,而显然两者的实际大小是不同的,如果把远处的树木移至近处,即树木 C,这种高度差就立即显现出来。

人类的大小知觉恒常性,一方面使视觉保持了连续性,不至于因距离的变化而发生知觉结果的紊乱;另一方面又为立体视觉提供了深度或距离的暗示。对于熟悉的对象,如果视网膜像缩小了,而知觉大小又保持不变,则知觉距离就要增大;或者说,如果目标的大小知觉没有变,而视网膜像缩小了,我们就能感知到目标的距离变远了。人眼的这种大小知觉恒常性,起因于视网膜像和双眼视轴的辐辏,其中主要是后者的作用结果。单就视网膜像而言,像大小的变化并不一定代表距离的改变,两者并没有一一对应的关系,因为目标大小的变化也会造成像大小的改变。而双眼视轴的辐辏则不同,目标的距离变化,必定引起辐辏角的变化,两者的关系是一一对应的。视觉系统正是根据双眼辐辏的大小提取出距离的知觉信息,同时获得大小知觉恒常性的。有人曾以一只眼睛失明多年的人的单眼做实验,结果发现他

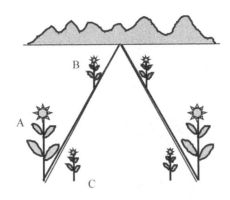

图 6-11　大小知觉恒常性

没有大小知觉恒常性,距离的知觉也十分有限,这从一个侧面说明了上述视觉机制。

在某些场合,对大小知觉恒常性的误用会造成视错觉,参见图 5-22,上文的图 6-11 实际上也是一种错觉。有时候这类错觉可加以利用,如在影视作品中,把一辆玩具汽车放置在摄影机前面进行拍摄,即可逼真地模拟成一辆真实大小的汽车。

6.4.2　物体的遮挡

周围环境中物体间的相互遮挡,是人眼判断物体前后深度关系的重要条件。如果一个物体的一部分被另一个物体挡住了,那么前一物体在视觉上就显得远一些。当一架飞机在天上飞时,如果它在云层间时隐时现,就很容易判断它与云层之间相对高度;而如果飞机与云层处在不同的天区,人们就很难判断它们哪个更高一些。依据物体的遮挡判断它们之间相对的空间深度关系,一般不会出现偏差,图 6-12 的三座金字塔,最小的一座 C 最远,最大的一座 B 次之,不受遮挡的 A 最近。

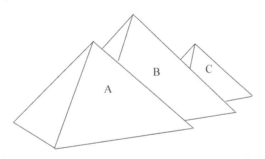

图 6-12　物体的遮挡

6.4.3　光照与阴影的分布

视觉经验告诉我们,明亮而清晰的物体显得近一些,灰暗的目标则看起来较远。在美术作品中,也常常根据这一定式来处理画面景物的明暗浓淡,以此凸显画面的深度透视感。在自然光照下,景物的明暗分布取决于阳光,在阳光明媚的天气,判断周围环境的远近往往比阴天容易得多。如果没有亮度或阴影的提示,比如在一片白茫茫的雪原上,很难判别距离的远近。光照与阴影的表现手法也常常在绘画和摄影艺术中得到应用,图 6-13 的沙漠景物图,清楚地表示了光照的方向、沙丘的形状及各个沙丘之间的空间位置关系。

图 6-13　光照与阴影

6.4.4　颜色分布

在视觉经验中,不仅亮度明暗寓示着景物的远近,颜色也在其中起着一定的作用。一般而言,远方的物体呈蓝色,而且颜色明度暗淡;近处的物体呈黄色或红色,明度往往也很鲜艳。因此,人们习惯上认为红色的鲜艳的东西在近处,蓝色的灰暗的东西在远方。画家常利用视觉的这一习惯来处理画面的颜色分布和明度深浅,借以表现画面额定深度透视。

6.4.5　空气透视

由于空气中存在尘埃和大气的扰动,远处的物体看起来肯定不如近处物体清晰和稳定,可见景物的清晰度也是判断空间距离的重要条件之一。但若仅仅依据这一条件来判断距离的远近,有时候也会发生错觉。在空气污染的城市里,人们对距离的判断可能比实际距离要远;而在山清水秀的乡村,由于空气洁净而常把山丘的距离估计过近。

6.4.6　线性透视

线性透视是指空间目标在平面上的几何投影(图 6-14)。我们看到的周围景物,例如向远处延伸的铁轨,大路两边平行排列的树木等,都蕴含着强烈的线性透视,据此很容易判定空间距离的远近。这些景物反映在视觉上,实际上是它们在视平面上的一个平面投影图。反过来,如果将这样一张平面投影图放在眼前,也可以产生距离感,尽管这种距离感与真实的立体感有所不同,有时还容易造成错觉。透视的原理在古代就被发现,那时的许多画家已经能够利用透视来表现画面的空间感了。可以说,到目前为止的所有图像、图形和图画的表达方式,以及电影、电视、和电脑等的显示技术,都需要利用透视来表现空间深度关系。

6.4.7　运动视差

在远处的两个目标与观察者相对静止时,很难判断它们哪个更远哪个更近。而一旦观察者与它们之间出现相对运动,判断起来就会容易得多。当我们坐火车旅行时,如果注意观察窗外的景物,就会发现两旁的树木和田野都在后退,但后退的速度似乎不一致。

图 6-14　线性透视

　　这种不一致是由于目标的距离不同造成的。实际上,窗外的景物是以相同的线速度在后退,只是因为距离不同,造成了相对于观察者的视觉角速度不同(图 6-15),所以看起来近处的目标飞快地一闪而过,远处的目标后退得慢一些,即目标距离越远角速度越慢。据此就可知道远处的两棵树木哪个较远哪个较近。另外,车窗外整个视野中的景物,似乎是在作顺时针运动(左边车窗所见)或逆时针运动(右边车窗所见)。

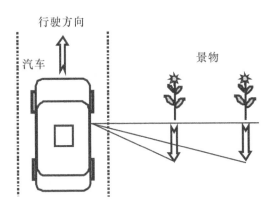

图 6-15　汽车行驶造成的运动规律

6.4.8　眼睛的调节

　　除了上述的外部物理因素造成的暗示作用外,人眼本身的调节也可以为判断深度提供内部的暗示。显然,观察近处物体时晶状体需要增大调节屈光度,与此同时,双眼的视轴也必须向内作更多的集合(即辐辏);而当目标较远时,眼睛的调节度和辐辏度大大降低。眼睛的调节和辐辏,是立体视觉判定空间深度的隐性依据。

6.4.9　视觉经验

　　视觉经验其实不是一个独立的因素,在上面讨论的因素中也隐含了视觉经验的作用。这里所说的经验,主要是指后天的学习以及日常生活的积累。例如,生活在农村里的人,很容易判断周围两座山的远近,就像生活在城市里的人很容易判定两座楼的远近一样。因为在他们的日常视觉经验中早已积累了这样的距离信息,但如果将农村里的人与城里人的生活环境对调,在起初一两天恐怕他们谁也不容易对周围环境作出正确的距离判断。不仅仅对于景物的远近,对于某一目标本身的空间结构,借助于视觉经验我们也能很快获得立体感。说到大象,大多数人眼前就会浮现出一头完整的立体的大象的影像,但天生失明的人,就很难做到这一点,他们的知觉结果往往是片面的,这就是盲人摸象的故事。再举一个例子,如果让某人闭上一只眼睛,然后在一定距离外给他看一前一后两支竖立的钢笔,他往往无法区分钢笔的远近,而如果这两支钢笔是由他本人双手握着的,判断起来就容易多了。但应该指出,他对钢笔远近的判断,并不是依据他的立体视觉功能,因为单眼没有完整的立体视觉,而是借助于他预知的自己双手远近的暗示。视觉经验对立体视觉的作用的例子不胜枚举,读者可根据自身的经验体会,这里不一一介绍了。

第七章

颜色视觉

地球上芸芸众生所赖以生存的环境,是一个色彩缤纷的世界。对人类而言,颜色不仅为我们提供了周围世界的更多信息,还使我们获得美的享受。尤其是在现代社会,彩色电影、彩色电视、彩色照片等的出现,以及美术、建筑、装潢、印染等行业的特殊要求,使得颜色及颜色视觉的作用更加重要。如果没有颜色,这个世界将显得多么没有色彩;如果没有颜色视觉,我们眼前的一切又将会变得死气沉沉灰暗一片,人类也就无法从生活和工作中享受丰富多彩的乐趣。对于动物和植物而言,颜色及颜色视觉是其生存和繁衍不可或缺的手段。如果没有光与颜色,绿叶无法进行光合作用,鲜花引不来授粉的蜜蜂,果实无法吸引动物为它们传递种子;如果没有颜色视觉,牛羊吃不到青草,猴子找不到绿叶丛中鲜红的果实,彩蝶觅不到配偶。如图7-1所示的花朵和果实,从它们彩色的原图中,人们可以很容易地说出花的数量(9朵),分辨出其中成熟的果子(右图箭头所指),但对于色觉异常者而言,看到的可能就是如此灰暗的样子,很难立即数清玫瑰花的数量和分辨成熟的果实。好在,江山如此多娇,我们居住在一颗绿色的星球上,沐浴在七彩的温暖阳光下,绝大多数人又拥有良好的色觉功能,享受着周围世界的色彩斑斓。一句话,对于世上万物,颜色和颜色视觉的作用都是极其重要的。

图 7-1　色觉异常者所见的彩色花朵和果实

颜色视觉既来源于外界信息的物理刺激,但又不全符合客观物理刺激的特性,主观心理的关键作用同样不可忽视。颜色的本质是什么,颜色有哪些特性,颜色是怎样混合匹配的,颜色视觉的机制是什么,等等这些问题,是本章要深入谈论的内容。

7.1 光与颜色

7.1.1 颜色是什么

在山清水秀的乡下,雨过天晴的时候,有时可以看到背对太阳的天幕中挂着一道艳丽的彩虹。现在人们已经熟知,那是小水滴对太阳光反射和折射的结果。可见,原本无色的太阳光(习惯上称为白光),其实是由多种颜色组成的。牛顿在 17 世纪就用实验证明了这一点,如图 7-2 所示,一束太阳光通过小孔照射到一块三棱镜上,透过三棱镜后,在另一边的接收屏或纸面上会出现一个包含多种颜色的色带,自上而下依次为红、橙、黄、绿、青、蓝、紫等,与彩虹的颜色排列相同。这些颜色的总合,实际上就是太阳的光谱带。牛顿还进一步用实验证明了这些颜色是太阳光的固有特性,不是由棱镜产生的,而且每一颜色不能再进一步分解。

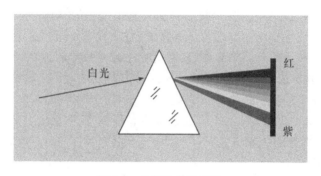

图 7-2 牛顿的色散实验

今天我们知道,白光中包含有丰富的色光,或者说白光是由不同颜色的光混合而成的,而这些光线实际上就是具有不同波长或频率的电磁波。例如,红光的波长在 700nm 左右,蓝光波长约为 440nm,紫光则为 400nm 左右。人眼能感知的颜色光谱范围称为可见光谱,波长大约从 380nm 到 780nm,尽管在整个电磁波范围中,这只是微不足道的一小段,见图 7-3,但它已经覆盖了太阳光谱的主要区域,并且足以包含自然界中的光与颜色的绝大部分,因此,人眼再次以最小的代价获得了最完善的颜色视觉功能。顺便指出,波长略小于 380nm 的光为紫外光,大于 780nm 的光为红外光。红外光又分为近红外(780nm～2.5μm)、中红外(2.5～25μm)和远红外(25～1000μm)等波段。

人眼对景物产生色觉,首先需要直接或间接接收来自光源的光刺激,这些光刺激可以是太阳光或是电灯光。在日常生活中,颜色并不是用三棱镜来产生的,而是由物体表面的反射或彩色玻璃的透射等造成的。例如当白光照射到红色物体表面时,该表面将选择性地反射红光,而将其他的光谱成分吸收掉;同样,一块红色滤光片也将其他成分吸收掉而只允许红光透过。这些经过反射或透射而剩余的色光,作为物理刺激作用于我们的眼睛,最终产生了该物体及滤色片是红颜色的视觉结果。在黑夜或暗室中,同样的物体或滤色片,是不可能产生这样的色觉效果的。可见,光在颜色的产生及颜色视觉的形成中起着重要作用。进一步还可发现,不仅白光可以分解成不同的色光,不同的色光反过来可以混合成白光或另一种色

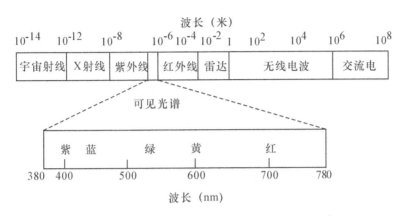

图 7-3 电磁波辐射范围及可见光谱

光；此外，不同颜色的颜料混合也可以匹配出各种所需要的颜色。

7.1.2 颜色的分类与属性

世界上存在成千上万种颜色，这些颜色怎样分类，每种颜色又包含什么特性？在总体上，颜色分为彩色和无彩色两类。无彩色是指白色、黑色以及处于两者之间的各种明暗不同的灰色。除去黑白系列以外的所有颜色则统称为彩色，通常所说的颜色即是指彩色。在调节彩电或显示屏图像质量的过程中，只要细心留意一下，不难发现有色调、饱和度（或对比度）和明度（或亮度）等调节功能。可见每一颜色都可以用三个基本特性或属性来定义，每一特性又分为主观与客观两个方面的概念。在主观上或心理上，颜色的三属性分别是色调、饱和度和明度；与此相对应，颜色在客观上或物理学上的三属性分别是主波长、纯度和亮度。

色调是光谱中各种不同波长的可见光在视觉上的表现。例如红、黄、绿、蓝、紫等都是不同的色调。明度则表示颜色的明暗程度，物体颜色的明度与反射率及照明光强度有关，光照不变时，明度与反射率成正比。对彩色来说，颜色中掺入的白色越多显得越明亮，掺入的黑色越多明度越小。颜色的饱和度是指颜色的纯洁性，太阳光谱中的七种颜色是饱和度最大的颜色，颜色中掺入的白色、黑色或灰色越多，说明它越不饱和，如暗红色、淡红色，都是不饱和的红色。可以用一个颜色立体来完整描述颜色的主观三属性的相互关系，如图 7-4 所示。

颜色立体的垂直线代表黑白系列明度的变化，每一水平截面的圆周代表不同的色调，如红、橙、黄、绿、蓝、紫等。颜色在圆周上的变化代表色调的变化。颜色立体的中心是中灰色，从中心向圆周过渡表示颜色饱和度的增加。

在客观上，与色调对应的是颜色的主波长，如主波长为 750nm 的光为红色调，590nm 的为黄色调，540nm 的是绿色调等。有趣的是，如果将适当比例的红光和蓝绿光（青色光）混合，可以匹配出白光，这样的红光与青光的主波长称为互补主波长，红色调和青色调叫做互补色。同样，黄光与蓝光为互补色。亮度是一个与颜色的明度对应的物理量，它表示光的强度或颜色的明暗程度。纯度则与饱和度相对应，表示颜色的纯洁程度。

研究发现，人眼能分辨的色调共有 180 种，能区分的亮度等级约 600 种，饱和度平均约 10 种。因此，理论上视觉能分辨 $180 \times 600 \times 10 = 1,080,000$ 种，即 100 多万种颜色。当然，

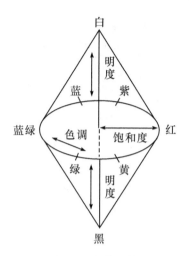

图 7-4　颜色立体

在亮度特别大或特别小时,对色调的分辨能力会大大降低。因此,人眼实际能分辨的颜色大概只有一万种左右。

有了颜色的这些基本属性,就可以完整地将自然界与人工的各种颜色一一表示和区分出来。

7.1.3　物体的颜色及颜色的交互作用

颜色是物体的一种属性,如红色的衣服、橙色的橘子、绿色的树叶、蓝色的天空、黑色的煤、白色的墙壁等,这些颜色好像是它们各自的代表色,即表面色。在通常情况下,物体的表面色是因为它们对不同波长的色光的反射、散射、透射和吸收而造成的。红色衣服的布料反射红光而吸收其他色光,所以看起来是红色的;蔚蓝的天空是因为大气层对太阳光的散射;紫色的玻璃是由于它吸收了大部分色光而仅让紫色光透过,如此等等。物体的表面色似乎是物体固有的,比如一张白纸,在太阳光下看是白色的,只是白得刺眼;在电灯光下看也是白纸,看起来要舒适一些;而在柔和的月光下看,纸面会显得暗得多,但人们仍会把它看成白纸。相反,如果将一块光洁的煤放在强烈的阳光下,它所反射的光强可能比电灯下的白纸强得多,但我们仍把煤块看成是黑色的。这是因为白色和黑色似乎分别是白纸和煤的固有色。在这些情形下,人眼观察到的颜色取决于物体本身,而与光照的强度没有多大关系。

但是在多数情况下,物体的表面色并不是固定不变的。改变照明光的强度、照明光的色彩以及背景的反衬色等,物体表面色的色调、明度及饱和度也可能发生变化。设想在几乎没有光线的暗室里观察白纸,看到的纸面可能是灰色或黑色的;同样,在黑暗中观察煤块,它也会失去在阳光下乌黑锃亮的样子而变成灰色,甚至不容易发现它。更广泛地,在白天看来色彩艳丽的景物,在晚上都会变成灰蒙蒙一片,当然这其中也有人眼本身从明视到暗视转变的原因。另一方面,在不同色光照射下,物体表面色也将发生改变。用红光照射白纸时,看到的白纸面会泛出红色;我们身上所穿的各种颜色的衣服,在日光灯和多彩霓虹灯下所显现的颜色与原来颜色是不同的。所以在文艺表演中,人们可以通过改变光照的色彩和强度来获得不同的舞台效果,时而色彩斑斓,时而灰暗低沉,而在此过程中,舞台的布景并没有大的改变。

物体的表面色还取决于呈现在它们周围的颜色,周围颜色对物体表面色的反衬作用称为颜色的交互作用,表现为被观察的颜色向周围颜色的对立方向转化,即趋向于周围色的补色。红颜色背景上呈现的灰方块被看成是浅绿色的;反之,绿背景上的灰方块被看成浅红色;白背景上的灰方块则呈浅黑色;黑背景上的灰方块呈浅白色,如图 7-5 所示,其中的五角星的颜色和明度实际是一样的。颜色的交互作用,也是颜色视觉的特性之一,即视觉的颜色对比现象。

图 7-5　颜色的交互作用:背景的影响

7.1.4　颜色的混合与匹配

最早的颜色混合工作由牛顿完成,他在将太阳光分解为各种光谱成分后,又将其中的某些色光混合而匹配出不同的色光。红光与绿光混合可匹配出黄光;红光与黄光混合可出现橙色光;适当比例的黄光与蓝光混合可得到白光。这些颜色一旦混合成另一种颜色,就无法再区分原来的颜色。更进一步,由于黄光与蓝光可匹配出白光,而黄光又可以由红光与绿光混合获得,因此只要比例适当,红光、绿光和蓝光混合可匹配出白光。在色度学上,红色、绿色和蓝色称为光的三原色。图 7-6 是颜色匹配的实验装置示意图。

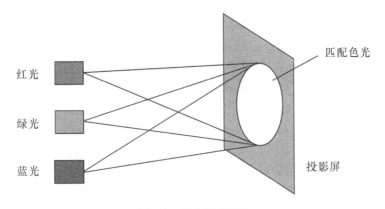

图 7-6　颜色匹配实验

颜色的混合和匹配遵循如下三个规则。

1. 补色律。两个以适当比例混合能匹配得到白色或灰色的颜色,互称为补色。如前所述,红色与青色互为补色,黄色与蓝色互为补色。两个补色混合时,如果破坏适当的比例,就会匹配出与比份大的颜色相近似的颜色。

2. 中间色律。两个非补色相混合,便产生一个新的混合色或中间色。混合中间色的色调决定于两颜色的比例的多少,而且更近似于比例大的那种颜色。

3. 代替律。如果颜色 X 与颜色 Y 相混合可得颜色 B，而颜色 A 和颜色 B 混合又可得颜色 C，则颜色 A、X 与 Y 混合也可得到颜色 C。也就是说，不管原来的颜色来源如何，成分怎样，只要颜色的视觉效果相同，就可以互相代替。

根据上述三个规则，可以利用颜色混合的方法产生各种所需要的颜色。特别地，可以用三原色的混合来匹配得到几乎所有的颜色。将红色、绿色和蓝色三原色记为 (R)、(G)、(B)，匹配色记为 (C)，则颜色匹配方程可表示为：

$$C(C) \equiv R(R) + G(G) + B(B) \tag{7-1}$$

式中 $R(R)$、$G(G)$、$B(B)$ 分别代表三原色的比份，即比例系数，$\equiv$ 代表匹配，$C(C)$ 表示匹配色的强度。如果是双色混合，匹配方程中三原色的某一项比份为零。匹配纯白色时，三原色的比份应相等，即均约等于 0.333。某一蓝绿色的匹配可以表达成：

$$C(C) \equiv 0.06(R) + 0.31(G) + 0.63(B) \tag{7-2}$$

应该指出，光的颜色混合与颜料的颜色混合，两者的规律是不同的。色光的混合是相加混合，颜料的混合是相减混合。黄光与蓝光混合可产生白色，而黄色颜料与蓝色颜料混合不产生白色而是得到绿色。这是因为色光的混合是两种波长的光线同时作用于视网膜而相加的过程，而颜料则要反射某些光波而吸收其他光波，它们混合产生的颜色取决于所反射的光谱成分。黄色颜料主要反射黄色和邻近的绿色光波，吸收了蓝色和其他颜色；蓝色颜料主要反射蓝色和邻近的绿色光波，吸收黄色和其他颜色，它们混合的结果，将进一步吸收黄色、蓝色等光线，而仅反射两者共同能反射的绿色光线，也即因相减作用而成为绿色颜料。可以说，颜料与光线的反射和吸收，本身就是一种减法作用，而颜料的混合则是双重减法。

1931 年，国际照明委员会（CIE）综合多项研究的成果，确定了三个设想的原色，用 X（红）、Y（绿）、Z（蓝）表示，并将匹配等能光谱的各种颜色所需的三原色比例值 x、y、z 标准化，定义为"CIE1931 标准观察者光谱三刺激值"。例如，为了产生光谱上 578nm 的黄色，需将大约等量的 x（红）和 y（绿）相加，而不需要 z（蓝）；要产生波长为 475nm 的颜色，则需要大量的 z，再加上少量的 x 和 y，就可得到这一波长的蓝色。

同年，CIE 还制定了一个可表示所有颜色的色度图（Chromaticity diagram），称为 CIE 1931 色度图（图 7-7，参见附录彩图）。任何颜色都可用匹配该颜色的三原色的比例加以确定，因此每一颜色在色度图上都有其特定的位置。图中 x 色度坐标相当于红原色的比例，y 色度坐标相当于绿原色的比例，不需采用 z 色度坐标（相当于蓝原色）的原因是，$x+y+z=1$，z 的值可以据此推算出来。图中的弧形曲线上的各点是光谱上的各种颜色，即光谱轨迹。蓝紫色波段在图的左下部，绿色波段在图的左上角，红色波段在图的右下部。靠近图中央的 C 点为白光点，相当于中午阳光的光色。

色度图的实用价值非常大，任何颜色，不管是光源色还是表面色，都可以在这个色度图上标定出来。在色度图上的任意一点 A，由 C 和 A 所画的直线的延长线与光谱轨迹相交，交点 O 对应的波长为 600nm，A 点的主波长即为 600nm，以此类推。同时，A 点在线段 CO 上的位置，代表了其色纯度，即饱和度。颜色点 A 越靠近 C 点越不纯，越靠近 O 点则颜色越纯。纯度值可由 CA/CO 的比值确定。

通过白光点 C 任意画一条直线，与光谱轨迹产生两个交点，这两个交点对应的颜色互为补色，如图中波长 470nm 的颜色，其补色的波长在 577nm 附近。

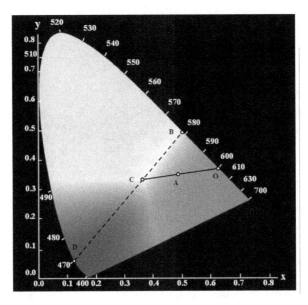

图 7-7　CIE 1931 色度图（参见附录彩图）

7.2　颜色视觉现象

7.2.1　视网膜的颜色区

在第四章中已经介绍,正常眼视网膜中央的黄斑区域分布有致密的视锥细胞,负责明视觉,可以分辨颜色和细节。而在视网膜的周边区仅分布有视杆细胞,因此周边区域是全色盲,只能分辨明度。从中央区到周边区过渡,颜色的分辨能力和感受性逐渐减弱直至消失。反映在视野上,视网膜的颜色区比整个视野小得多。在视野的边缘,任何颜色看起来都是灰色的。当作为刺激的颜色块的像从视网膜边缘向中央区移动到一定位置时,将被看成是黄色的或蓝色的,视网膜的这个中间区域称为"黄—蓝区域"。如果颜色块是橙色的,在人眼看来却是黄色的,只有当它继续向中央区移动到一定区域内时,才出现正常的色调。在后一区域里,视网膜为颜色块补上了红绿两种色调,因此该区域称为"红—绿区域",它可以正常地感知各种颜色。视网膜的颜色区也称为颜色视野,右眼的颜色视野如图 7-8 所示。在周边视野的测定实验中,可以发现采用不同颜色的光标、不同的光标亮度以及选取不同的光标直径时,所测得的视野大小范围是不同的。视网膜各颜色区域的界限,也因刺激的明度、大小、背景及眼睛的适应而改变。

7.2.2　颜色辨认

具有正常色觉的人,在光照条件适中的情况下可以看到可见光谱范围内的各种颜色,如红、黄、绿、蓝、紫等;也可感知两个相邻颜色之间的中间色,如黄绿色、蓝绿色、紫红色等。人眼感知的颜色与光波长之间的对应关系如表 7-1 所示。对于某些波长的光,眼睛所看到的颜色和波长之间的对应关系并不是固定不变的。因为在大多数情况下,光强的变化会使颜

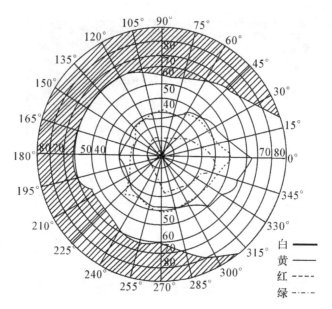

图 7-8　视网膜的颜色区(右眼的颜色视野)

色也相应地发生变化。在整个光谱中,只有三种颜色,不论光强如何,其颜色似乎始终保持不变,它们是波长 570nm 的黄绿色,505nm 的绿色,以及 473nm 的蓝色。除此之外,其他颜色在光强增加时都稍微向红色和蓝色两端变化。

表 7-1　不同色调的光的颜色及其光波长

光的颜色	光波长(nm)	光的颜色	光波长(nm)
紫色	380~430	黄色	575~595
蓝色	430~485	橙色	595~625
青色	485~500	红色	625~780
绿色	500~575		

在可见光谱中,从红色端到紫色端,中间尚有各种过渡的颜色,而眼睛对光谱中各不同区域的波长变化的感受性也是不同的。在黄色和青色区域,只要波长改变 1nm,人眼便能觉察出来;在其他多数波长区域,波长改变 2nm 才能看出其变化。而在光谱中部的绿色区域,以及两端的红色和紫色区域,眼睛对光波长的变化反应很不灵敏,基本上感觉不到颜色的差别。

7.2.3　颜色对比与颜色后像

上文已经提到,颜色与颜色之间会产生交互作用,突出表现为周围背景的颜色对被注视色的影响。这种影响不是物理上的,因为就物理刺激而言,背景色的光线并没有对被注视色的光线产生多大改变。只是当它们同时作用于我们的视网膜之后,它们之间的影响才显得十分明显,这就是视觉的颜色对比现象。在一片淡红的背景中间,一块鲜红的颜色看起来并不明显,观察者会觉得这块颜色变暗淡了;而如果是处在白色的背景中,同一块鲜红的颜色会显得十分醒目。在明度方面,白色背景上的灰色看起来发暗,而黑色背景上的灰色则发亮。在图 7-9 所示的例子中,图像左边和右边的灰色长条明度是一样的,但因为受不同明度(白色和黑色)的背景的对比作用,在视觉上看来灰色条的明度明显不同,即左边的那些发暗,右边的则发亮。

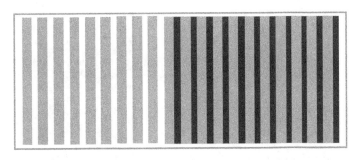

图 7-9　颜色的明度对比

颜色对比的另一种表现形式是颜色后像。当看过太阳或明亮的灯泡后,在眼前会出现太阳或灯泡的后像。在灰色背景上放置一块红色的纸片,观察一段时间后移开红纸片,在背景上可看到一个绿色的后像。如图 7-10 所示,注视左图中央的白点约一分钟,然后快速移开视线至右图方框内,即可看到左图的后像。有兴趣的读者,不妨在计算机上自行制作类似的图案,并配以不同的颜色,如红、绿、青、黄、蓝等,便可观察到奇妙的彩色后像现象。这时的后像是原来颜色的补色,也称为负后像。

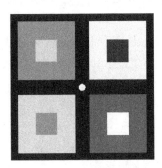

图 7-10　颜色的后像(参见附录彩图)

此外,不同颜色的色块在视觉上看来具有不同的感受特性,如远近、大小、宽窄、明暗等方面的差异。在使用电脑时,如果细心留意一下,就会发现屏幕上显示的不同颜色的字体看起来远近会有所不同,这可能是因为眼球光学系统对不同颜色的光的折射能力不同而造成的。另一个例子是法国的蓝、白、红三色国旗(图 7-11)。在视觉上看来这三条色带显得非常自然和匀称,一般总以为它们的宽度是相等的,而事实上,蓝色、白色、红色三条色带的比例是 30:33:37,读者不妨从网络上搜索彩色的法国国旗并实际测量一下。据说,法国国旗原来是按照等宽度设计色带的,可国旗做好后,发现红色带看起来总比蓝色带显得窄,于是就把红色带加宽,蓝色带适当变窄,最终获得等宽度的视觉效果。

7.2.4　颜色常性

视觉系统的输入信息,是外界景物在视网膜上所成影像提供的光刺激。显然,当环境照明光的亮度和光谱特性变化时,视网膜像的光刺激也发生改变。单从物理学上而言,人眼应该获得不同的颜色视觉结果,如果将这样的光刺激作用于机器人视觉,必定会引起不同的颜

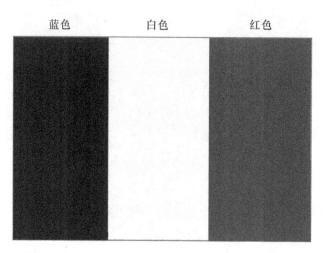

图 7-11　法国国旗——不同颜色的色带的视觉感受

色反应,甚至可能将同一景物感知为不同的东西。奇妙的是,人类的视觉在一定范围内仍能够将目标的颜色感知为相对恒定,而不受光照条件的影响。例如,一朵红色的鲜花,在强烈的太阳光下看起来是红色的,在稍暗的房间内看也还是红色的;煤炭在强烈的阳光下和黑暗中看起来都是黑色的,尽管这两种情况下煤炭受照射及反射的光强度可能相差好几个数量级。这类不受照明条件影响,物体的颜色看起来保持相对恒定的现象,称为颜色视觉的常性。

产生颜色常性现象的原因不是物理学上的,而肯定是心理学上或大脑皮层因素造成的结果。主要有两种理论对此作解释。一是颜色常性的无意识认知性理论,认为视觉对物体的感知主要是抽取它的颜色信息,由于我们的兴趣和注意力在于物体经常表现的颜色上,以至于当光照发生改变时也没有意识到颜色的变化。另一种解释是 Hering 提出的记忆颜色理论,认为凡是过去经验过的物体的颜色,一旦重新出现在我们的视野中,视觉必定是先入为主地将该物体的颜色感知为记忆中的颜色,即使光照条件变化也不理会。这两种理论,都能够在一定程度上解释颜色常性现象,又不能完全自圆其说。

颜色常性现象的存在是有一定的范围的,当光照强度变化太大时,或者照明光的光谱改变太多时,颜色常性同样受到破坏。只要仔细观察,强烈阳光下的煤块和黑暗中的煤块,两者的黑色在色调和明度上是有较大区别的。而在紫色的日光灯下,红色的衣服看起来也会变成淡紫色或灰色。许多人有过这样的经历,当在日光灯通明的大商场中购得颜色满意的衣料后,出去到太阳光下一看,有可能布料的颜色并不怎么讨人喜欢。上文提到的舞台布置,实际上正是利用照明光强度和色彩的变化对颜色常性的破坏,从而以相同的布景,使人眼产生不同的颜色视觉效果。

7.3　颜色视觉理论

为了解释人类的颜色视觉机制,以及颜色的混合等客观视觉现象,人们提出了多种颜色视觉理论,其中主要有杨—亥姆霍兹的三色学说、赫林的四色理论、马克斯等的阶段学说,以及兰德的网膜—皮层理论等。

7.3.1　杨—亥姆霍兹的三色学说

人类的各种知觉功能,是通过各种感受器将外界信息提取出来传递给大脑而引起知觉的。人眼感受器是指人类视觉中感受光刺激的一种单元,它能把光刺激的能量转换成神经冲动。正常人的色觉能分辨成千上万种颜色,那么是否意味着视觉系统中存在同等数量的感受器,来一一对应地感知每一种颜色? 答案显然是否定的。因为这既不符合自然界生物进化的逻辑,也不符合视觉系统结构和功能的实际。

鉴于颜色中存在三原色,19 世纪苏格兰医生兼物理学家杨(Young)首先根据推论假定,在人眼视网膜上有三种类型的色感受器,每一种感受器只对某一特定的颜色敏感。根据杨的设想,如果各种颜色的混合是符合颜色匹配原理的,那么视网膜上存在三种感受起将颜色进行混合也是合理的。

杨首先把三种感受器设想为红、黄、蓝感受器,后来一度又假定为红、绿、紫感受器。最后从三原色和大量的颜色视觉事实及电生理学证据确定,这三种基本的颜色感受器应为红、绿、蓝感受器。他的理论认为,这三种感受器独立地从景物中接收红光、蓝光、绿光信息,然后把这些信息传递到大脑,在大脑中按照颜色混合的规律混合,从而对景物产生完整的颜色视觉。

杨的这一理论后来得到德国物理学家兼生理学家亥姆霍兹(Helmholtz)的修正。后者也认为视网膜上存在三原色感受器,但并不是每一种感受器只对相应的颜色刺激有反应,而是对其他颜色刺激也产生兴奋,只不过产生的兴奋强度不同。例如,红感受器同时能对红光、绿光和蓝光起反应,但红光刺激对它引起的反应最强,绿光和蓝光引起的反应较为微弱,依此类推。当我们观察一块红色布料时,由于红感受器的兴奋最强,蓝感受器和绿感受器的兴奋很弱,于是产生红色的感觉。如图 7-12 所示。当黄光作用于视网膜上时,能使红感受器和绿感受器引起同等程度的兴奋,而蓝感受器的兴奋很微弱,所以产生黄色的视知觉。同样,当青色的光线投射到视网膜上时,蓝感受器和绿感受器产生同等程度的兴奋,而红感受器反应微弱,从而引起青色的感觉。当红、蓝、绿三种感受器同时受到相同的刺激时,即可引起白色、灰色和黑色的感觉。刺激最强时为白色,刺激较弱时为灰色,刺激最弱时为黑色。这些就是颜色匹配方程所揭示的规律。

由于杨和亥姆霍兹都设想人眼视网膜上存在三种原色的感受器,因此人们将他们的颜色学说称为杨—亥姆霍兹理论,也称三色学说。

亥姆霍兹还绘制出三种颜色感受器的光谱响应曲线。红感受器主要对可见光谱中的长波段兴奋,绿感受器对中间波段兴奋,蓝感受器对短波段兴奋。而大脑皮层正是对这些感受器的相对兴奋量进行综合分析而得到各种颜色视觉结果。三色学说能够很好地阐述颜色的混合定律,正确说明各种颜色的混合现象,并对日常生活中的大部分颜色视觉现象作出合理的解释。比如,这一理论对颜色后像的解释是,当眼睛注视一个绿色物体时,绿感受器兴奋,但如果持续注视绿色一段时间后再转向灰色或白色物体,此时绿感受器已经疲劳,其作用不再明显,但红感受器和蓝感受器对白光中的红色和蓝色刺激引起兴奋,而这些兴奋的综合结果,在视觉中是紫红色的感觉,这正是绿色的负后像。更广义地,三色学说解释了颜色的负后像总是它的补色这一现象。

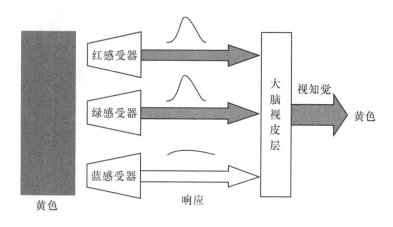

图 7-12　核一亥姆霍兹的三色学说

　　但是,三色学说不能很好地解释色盲现象。根据他们的假设,色觉异常者的视网膜中必然缺少一种颜色感受器,或者至少是功能损坏了。也就是说,红色盲者缺少红感受器,绿色盲者缺少绿感受器,蓝色盲者缺少蓝感受器,其结果是分别没有红、绿、蓝的感觉。但对色觉异常的色盲检查中发现,绝大多数红色盲者同时没有绿色的感觉,即红一绿色盲总是同时出现的,此外,黄一蓝色盲也总是同时存在的。按照三色学说,红一绿色盲者必定同时缺少红和绿感受器,根据颜色匹配规律,也就是不可能有黄色和白色这些匹配色的视知觉。但事实上,红一绿色盲者有较好的黄色和白色感觉,这就与三色学说产生了矛盾,因为单独一种蓝感受器是不可能感觉黄色和白色的。这是三色学说的严重缺陷。

7.3.2　赫林的四色理论

　　针对杨一亥姆霍兹的三色学说所存在的问题,德国心理学家赫林(Hering)提出了一种新的颜色视觉理论。这一理论的根据是,人们在选择原色时,除了红、绿、蓝之外,还常常使用黄色。由此赫林认为世界上存在四种基本色,即红、黄、绿、蓝,而一切颜色均可由这四种颜色混合而成。他的假设是,在人类视觉系统中存在着三对颜色感受器,它们是红一绿对、黄一蓝对和黑一白对,所有颜色都是由三对感受器共同作用产生的,而这些感受器对光刺激的作用是以"兴奋一抑制"的方式进行的,也就是所谓的颉颃方式,因此赫林的色觉理论也称为四色理论或颉颃学说,见图 7-13。赫林还假设,人类视觉对颜色的辨认是在视觉系统的远端编码的,视锥细胞不直接向大脑传递颜色信息,而是通过一个特定的编码机制以特定的方式传输到大脑的。

　　利用四色理论可以解释许多视觉现象。当红光作用于视网膜上时,引起红一绿对感受器的红兴奋、绿抑制,因此感知到红色;类似的,黄光能引起黄一蓝对的黄兴奋而蓝抑制,感觉为黄色。如果光刺激是混合色,则红一绿对和黄一蓝对感受器同时作用,从而感知到丰富的颜色。黑色、灰色和白色的视知觉,是黑一白对感受器作用的结果。

　　四色学说也能很好地解释颜色后像现象。当外界颜色刺激停止作用时,与此颜色有关的感受器的对立过程开始作用,因此感知到与原来颜色互补的颜色。例如,当红光作用于红一绿对感受器上时,红兴奋而绿抑制,一旦红光刺激消除,红一绿对的绿兴奋起来,同时红抑制,形成绿色的后像。依此类推。对色盲现象的解释,赫林认为色盲者主要是缺少红一绿

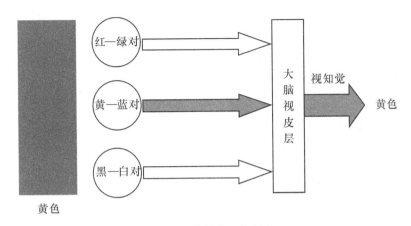

图 7-13　赫林的四色理论

对或黄—蓝对感受器,或者是这些感受器的功能丧失了。缺少红—绿对感受器的色盲者,不能感知红色与绿色;缺少黄—蓝对感受器的色盲者,不能感知黄色与蓝色。这就说明了为什么红—绿色盲或黄—蓝色盲总是同时出现的。而且,缺少红—绿对感受器的色盲者,如果拥有黄—蓝对和黑—白对感受器,就仍可对黄色和蓝色等颜色作正常感知。同理,缺少黄—蓝对感受器的色盲者,如果拥有红—绿对和黑—白对感受器,就仍可正常感知红色、绿色和白色等颜色。这就进一步对色盲者对颜色的选择性现象作出了解释。

与杨—亥姆霍兹理论一样,赫林的色觉理论也存在一些问题。它不能用来解决全部的颜色视觉机制问题,例如,当某对感受器中的某一半出现缺陷或丧失功能时,另一半如何工作。此外,将三原色扩充为四色,即加上黄色,不符合颜色匹配的实际,也很难找到有力的视觉生理学证据。

7.3.3　颜色视觉的阶段学说

长期以来,三色学说和四色理论一直处于互相对立的地位。前者很好地解释了一切颜色混合的现象,而且在实际应用中取得很大成功,但不能对色盲现象自圆其说。后者能够对色盲作出合乎实际的解释,但在颜色混合的解释方面没有三色学说成功。因此两者各有成功之处,但都又存在不足。那么,能否发展一种新的理论,既能将上述两种理论的优点综合,同时又能弥补它们的不足呢?

1964 年,约翰·霍普金斯大学的马克斯(Marks)以及哈佛大学的瓦尔德(Wald)等人在研究脊椎动物视网膜的单个细胞的吸收特性时,在感受器中找到了三种光敏视色素,它们分别对红光、绿光和蓝光波段敏感,同时又找到了对黄色敏感的视色素。由此它们提出了一种新的颜色视觉学说。第一阶段,在感受器水平上,与杨—亥姆霍兹理论相同,认为视网膜中存在三种视觉素,它们分别对红、绿、蓝波段的色光敏感。第二阶段,在视神经及更高的水平,与赫林的四色学说一致,认为这三种感受器的反应重新组合,形成三种感受器对。第三阶段,大脑视皮层对来自三种感受器的信息进行整合,最终产生颜色视觉。由于这一理论是把整个色觉过程分成几个阶段进行的,所以也称为色觉的阶段学说,如图 7-14 所示。

阶段学说第一次使三色学说和四色理论得到统一,如同物理学上一直争论不休的光的微粒说和波动说得到统一一样。当然,虽然阶段学说在理论上十分成功,但在视觉生理学证据方面仍存在不足,至少到目前为止并没有充足的解剖学和电生理学证据来支持这一理论,

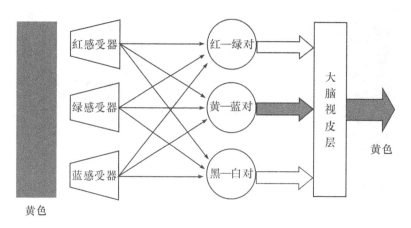

图 7-14　颜色视觉的阶段学说

因而显得有些牵强。

7.3.4　兰德的网膜—皮层理论

偏振片和一次性成像相机的发明者美国科学家兰德(Land),在本世纪 50 年代末就提出了一种色觉理论,这就是网膜—皮层理论。虽然该理论至今未能得到大多数科学家的认可,但在解释颜色视觉的一些客观事实方面,这一理论仍具有生命力。

兰德的颜色理论的基础是他所做的颜色实验,他分别用带红滤色镜和绿滤色镜的照相机拍摄同一个具有绚丽色彩的景物,但采用的是黑白相纸,得到两张黑白底片,并制成正片(幻灯片)。然后,将用红滤色镜拍摄得到的正片装在带有红滤色镜的幻灯机内,把用绿滤色镜拍摄得到的正片装在带有绿滤色镜的幻灯机内,再将两者一起投射到同一屏幕上。当两者的投影像重合时,有趣的事情发生了,在屏幕上看到的,不是黑白的或灰色的影像,而是与原景物非常接近的彩色图像。更为奇妙的是,若让带红滤色片的幻灯机继续投射第一张幻灯片,而取走另一幻灯机上的绿滤色片,让白光投射第二张幻灯片,这时候仍能看出银幕上的画面带有各种颜色。

显然,由于采用的是黑白底片,因此它们不可能直接像彩色底片那样记录实际的颜色信息,也就不能用常规彩色照片的颜色记录和重现的机理来解释上述现象,因为按照黑白底片的能力,它们只能记录和复现黑白信息,也即明度信息。所以需要寻求新的理论来解释兰德实验现象。

为此,兰德提出了自己的颜色视觉理论。他认为视觉系统中有三个独立的系统,叫做网膜—皮层系统(Retinex),即在颜色视觉过程中,既有视网膜的作用,又有大脑皮层的活动。每个网膜皮层系统都对特定的颜色起响应,第一种主要对光谱中的长波长光起响应(称为 L感受器),第二种主要对光谱中的中间波长光起响应(M 感受器),第三种主要对短波长光起响应(S 感受器)。这样,在中枢神经系统就建立了三种独立的景物图像,就像在黑白底片上通过三种不同的滤色片拍摄外界景物一样。景物中红色物体比蓝色和绿色物体使 L 感受器产生更强的响应,绿色物体使 M 感受器响应更强烈,蓝色物体使 S 系统更活跃。但这三种感受器直接记录的不是颜色信息,而是明度各不相同的黑白信息,而它们之间明度的相互比较,决定了人眼对颜色的知觉。据此也就同时解释了兰德的实验现象。

自从兰德的颜色理论问世后,一些人认为他发现了一个新的颜色视觉现象,揭示了其中的规律;但也有不少学者不以为然,认为这些现象只不过是视觉系统对颜色的认知作用的结果,或者说是一种颜色恒常性。就像我们去看一面白色的墙壁,如果墙壁一半被阳光照明而另一半则处在阴影中,从物理上而言,这两半墙壁对人眼造成的光刺激的色调和强度明显不同,但我们仍把它们感知为颜色相同的两半墙壁,这其中大脑的认知作用起着决定因素。所以兰德的实验现象,更大的可能是认知活动的结果。尽管如此,兰德理论中至少指出了明度在颜色视觉中的作用,这确实是此前的颜色视觉理论都忽视了的新思想。

7.4　色觉缺陷

　　颜色视觉是人类的一种主要视知觉,一个色觉正常的人可以分辨各种颜色,能正确地感知红、绿、蓝三原色,并可以用三原色混合匹配出光谱上所有的颜色。因此,一个色觉正常的人可以说具有三色视觉,称为三色觉者。而有些人往往只能粗略地分辨某一波段范围内的颜色,或者甚至对某种波段的颜色根本不能分辨,这种人在进行三原色匹配的实验中,所能匹配的颜色与正常视觉的人是不相同的,或者是异常的,因此叫做色觉异常者。色觉异常是色觉系统中一种缺陷。

　　色觉异常一般不易被觉察出来,常常是在进行色觉检查或做颜色混合匹配实验中才被发现的。色觉异常者对某些职业如医生和驾驶员等是不适合的,为此需要进行色觉普查的工作,以免色觉异常者在工作中发生错误,甚至灾难。

　　色觉异常者有先天性和后天性之分。先天性色觉异常者,在出生后就不能分辨某些颜色,或者甚至不能分辨所有的颜色,绝大多数的色觉异常者是属于先天性的,后天性色觉异常者是由于视觉系统的疾病所致,如视网膜脱落,视网膜炎和脑震荡等。

　　色觉异常者往往不知道或意识不到自己的色觉缺陷,因为他们长期与正常视觉者生活在一起,也用正常色觉者命名的颜色名词来描述自己所看到的颜色,但实际上色觉异常者看到的颜色并不与正常色觉者相一致,只是没有办法让异常色觉者体会正常色觉者所看到的颜色,反过来也无法让正常色觉者体会异常色觉者所看到的颜色,所以色觉异常者往往不易被自己和别人发现其色觉异常。据说,19世纪英国化学家道尔顿是个红色盲者,有一次他打算穿一双灰袜子去参加祈祷会。道尔顿的朋友和他开玩笑,将他的灰袜子收藏了起来,结果道尔顿只好换了一双"灰"袜子,可他实际上是穿了一双鲜红的袜子去的。这是因为在红色盲者的视觉中,红颜色和灰颜色在感觉上是一样的。

　　色盲是一种遗传性疾病,它多是由遗传基因决定的,这些基因多位于性染色体 X 上,故与性别密切相关,即通常所谓的"伴性遗传",临床上又常以隐性遗传方式表现,男性患者通过第二代女性遗传给第三代男性,这也是男性的色盲要比女性多的原因。色觉异常者分为三大类,分别为:(一)异常三色觉者,又称色弱;(二)二色觉者,又称局部色盲;(三)全色盲。

7.4.1　异常三色觉者

　　这类色觉异常者在进行颜色匹配时,虽然与正常色觉者相似,也需要用三种原色才能混合出各种颜色,但他们所需要的三原色的比例与正常色觉者匹配同一种颜色的比例不同,因为他们对光谱中红色波段和绿色波段的颜色分辨能力很差。在红绿波段中,只有当色光的波长有较大变化时,他们才能分辨出颜色色调的改变;或者只有当红光和绿光有较高的亮度时,才能正确地辨认其颜色;在照明暗淡的情况下,他们可能将红色和绿色混淆起来。

若异常三色觉者对红色的分辨能力较差,那他们在进行颜色匹配实验中需要较多的红色,这类色觉异常者称为红色弱。与此类似,对绿色分辨能力较差,即在匹配实验中需要较多的绿色者,称为绿色弱。根据调查统计结果,男性异常三色觉者即色弱者发病率约为6.3%,女性发病率为0.37%。其中,红色弱者约占男性人口的1.3%,女性0.02%;男性绿色弱5.0%,女性0.35%;男性蓝色弱0.0001%,女性0.0001%。

7.4.2　二色觉者

前面谈到二色觉者是色盲的一种。实际上使用色盲这一术语并不确切,因为盲者是指看不见东西的人,其实二色觉者并不是看不见所有的颜色,只不过是与正常色觉者相比,所感受的光谱范围较窄,以及所见的颜色种类较少而已。因此,二色觉者也称为局部盲,如红—绿色盲者不能区分红色和绿色,但能看到黄色和蓝色。

二色觉者可分为红色盲,又称甲型色盲;绿色盲,又称乙型色盲;蓝色盲,又称丙型色盲三种类型。红色盲和绿色盲是最常见的色盲类型。患者也主要是男性,二者各约占男性人口的1%,而蓝色盲为数极少,约占人口的0.001%~0.002%,而且大多数是由视网膜疾病所致。

1. 红色盲。红色盲者对光谱中长波末端(较深的红色)的感受性很差。正常视觉者所感知光谱光效率的最大值(即光谱中看起来最明亮的部位)位于555nm处,而红色盲者的最大值位置移到了540nm左右。红色盲者的可见光谱约终止于650nm波长处,在他们看来,可见光谱中波长490nm(蓝黄二色之间)处有一条灰色的中性带,而且他们常把红色与蓝绿色混淆起来。另外,他们还把灰色中性带与红色之间看成是黄色,中性带与紫色之间全看成青色。

2. 绿色盲。绿色盲者的光谱光效率曲线与正常色觉者大体上相一致,但对绿色的感受性比正常色觉者稍差,其光谱光效率最大值约在560nm处。绿色盲者看光谱时,在光谱的黄蓝色(约在500nm)处为一条灰色中性带,但其可见光谱中的红波段并不缩短,绿色盲者把紫色和绿色相混淆,他们把中性带与红色之间看成淡黄色,中性带与紫色之间全看成黄色。

3. 蓝色盲。蓝色盲者的光谱光效率曲线也大体上与正常色觉者相近,在看光谱时存在两个灰色中性带,一个在580nm的黄色波段,另一个在470nm的蓝色波段,对整个可见光谱只有红色和绿色的感觉,并将蓝色和紫色,黄绿色和蓝绿色,绛色和橙色等颜色两两相混淆,并把他们看成灰色。

7.4.3　全色盲

全色盲者为数极少,只占人口的0.002%~0.003%,甚至更少。全色盲者无辨色能力,在他们看来整个可见光谱只是一条明度不等的灰带而已,也就是说仅能分辨物体的形态及明暗程度,只有灰色和白色的感觉。整个五彩缤纷的彩色世界,在全色盲者看来只不过是一张灰蒙蒙的黑白照片而已。

全色盲者的明视觉光谱光效率曲线与正常人的明视觉曲线一样,其光谱的最明亮处在510nm波长处。全色盲者常伴有弱视,怕光并伴有眼球震颤等症状。全色盲者的视网膜缺少视锥细胞,或者是视锥细胞功能丧失,而主要靠视杆细胞工作,故无辨色能力,而暗视觉功能良好。

7.4.4 色觉功能的检查

检查色觉功能的最常用最普及方法是色盲本(图)检查法,用预先精确设计和印刷的各种色盲图谱让受试者观察其中的数字或图案。正常色觉者可以比较容易地辨认这些图谱,但色觉异常者则无法分辨或区分图谱中的不同颜色,因而不能准确地分辨其中的彩色图案。色盲检查图的检查规则和依据是,不能分辨以红、绿、黄、蓝为主色,以其互补中性色为配色的色觉图者,即根本没有对某色的色感者,为某色盲。由主色和含有不同色调的中间色为配色绘制的图谱,根据被检者辨别的程度,可以鉴别出红、绿、蓝色的重、中、轻三度色弱。由于临床上以红、绿色弱为多,所以色弱分类以红、绿色弱为主。通过色觉检查图,可对红色盲、绿色盲、红色盲绿色弱、绿色盲红色弱、红色弱、绿色弱以及蓝色盲、蓝色弱、黄色盲、黄色弱等进行定性地检查与测试。

根据受试者对不同图谱的辨认结果,即可推断出其是否色弱或色盲,并且区分是红色盲、绿色盲或是蓝色盲等。由于本书黑白印刷的原因,我们只能用两个例子说明色盲图检查法的原理。

图 7-15 所示左边的图案原为彩色图案。由红色点阵构成一组数字 986,由深绿色或浅绿色的点阵构成背景。对于正常色觉者,可以较为容易地说出 986 这组数字,但色觉异常者仅能感知数字与背景之间的某些不同,无法准确分辨数字 986,或者可能将此数字说成是386 或 358 等,如同右图所示。如果受试者报告看到的数字是 358,则可基本判定其为红色弱;而如果什么都分辨不出来,则可能是红色盲等。同理,可采用相应的图谱检查绿色弱或绿色盲等。

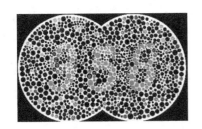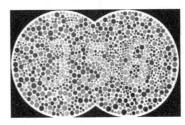

图 7-15 色盲图检查法(例一,参见附录彩图)

图 7-16 为另一个检查色盲的图例。原彩色图中的数字 326 由红色点阵组成,只是点阵的颜色比图 7-15 深得多。背景同样为绿色或浅绿色点阵,颜色比图 7-15 中的点阵浅。色觉正常者可以毫不费力地说出 326 这组数字,而如果受试者不能分辨该数字,则可基本判定其为红色盲。此外,图 7-17 列出了判别各类色弱与色盲的检查图例,如果无法分辨从(a)至(h)图案中的数字,则可依次判定为红色盲、红绿色盲、绿色盲、红色盲、红色盲、红色弱、绿色弱、绿色盲等。色盲或色弱的其他检查方法还包括色子排列法、颜色混合匹配法等,将在后面的章节中介绍。

人眼的色觉异常、色弱和色盲等色觉缺陷的起因,与视觉系统的颜色视觉机制密切有关。此前的多种色觉理论,已经对色觉异常作出了描述性的解释。反过来,各种色觉理论的创立者又往往利用色觉缺陷者的特点支持自己的论点。但是在生理学、解剖学和临床医学

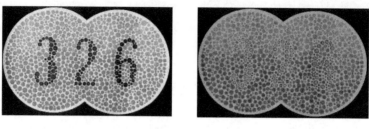

图 7-16　色盲图检查法(例二,参见附录彩图)

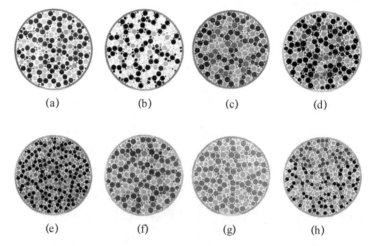

　　　(a)　　　　　　　　(b)　　　　　　　　(c)　　　　　　　　(d)

　　　(e)　　　　　　　　(f)　　　　　　　　(g)　　　　　　　　(h)

图 7-17　各类色弱与色盲的检查图例(例三,参见附录彩图)

上,迄今为止对色盲等色觉异常的起因仍没有完整的认识,也缺乏有效的色盲防治方法。有趣的是,欧洲人的色盲比例远远高于亚洲人和非洲人,就像亚洲人的近视比例远远高于欧洲人和非洲人一样。所以,在视觉功能和身体条件方面,非洲人比亚洲人和欧洲人都优越,这也许是非洲恶劣的自然环境使他们在进化过程中更趋完善的缘故。就色觉和色盲的研究而言,欧洲人要比我们感兴趣得多,也迫切得多。

第八章

运 动 视 觉

8.1 运动视觉概述

人类接收的外界信息,绝大部分来自视觉,而视觉信息又大多是瞬息万变的。从宏观世界到微观世界,万物都在时刻运动变化着。运动视觉即是对物体随时间在空间位移的视知觉。当物体不断改变它的空间位置,同时我们也觉察到这种变化时,就产生了该物体正在运动的知觉。在动物的视觉功能中,运动视觉起着多种重要功用,包括目标的识别、三维结构与深度运动的感知、目标—背景的分离、眼动控制、感知周围世界的复杂运动等。正因为具备良好的运动视觉功能,多数动物如鸟类、蛙类、昆虫等才得以生存,人类也才得以感受世界的生机盎然。可见,运动视觉具有相当的重要性与普遍性,有关它的信息处理研究,近年已成为一个热门课题。根据视觉刺激的类型及视觉结果的不同,可以将运动视觉分为三种类型。

8.1.1 运动视觉的分类

1. 真实运动视觉

周围世界的物体,在空间作连续的真实运动时,运动作为固有的物理刺激作用于视觉,就产生了真实的运动视觉。如钟表指针的走动,电扇的转动,汽车的行驶,火车的奔驰,飞机的飞行(图 8-1),瀑布的下落等。产生真实运动视觉的基本条件是:物体以一定大小的速度在空间连续位移。物体的速度过慢,其运动无法被感知:虽然钟表的三种指针都在走动,但人眼只能感知秒针的运动;自然界禾苗的成长,花朵的开放等,其实都是一种动态过程,只是由于变化的速度太慢,人们不可能觉察出来而已。因此,能引起运动视觉的运动速度有一下限,称为绝对速度阈限。人眼对运动的感知还有一速度上限,速度太快的运动也不能引起真实的运动视觉,除非眼睛有足够的速度跟踪目标。比如出膛的子弹的飞行,落地的一滴牛奶的溅起,跳蚤的弹跳等,人眼都无法觉察到其中的运动变化。只有借助于高速摄影技术,才能清楚展现这些运动的全过程。

视觉对运动方向的响应在总体上是各向同性的,人眼可同样良好地感知各方向的运动。但在细胞水平上,由细胞或细胞群体构成的运动检测器对运动方向有选择性,一个方向的运动引起检测器兴奋,而反方向的运动将使检测器抑制;对某一方向的运动,检测器响应最强烈,对其他方向的运动则响应十分微弱。这决定了人眼对运动方向具有良好的分辨率。

概括起来,产生真实运动视觉的基本刺激是物体的映象以一定的速度和方向在视网膜上连续改变位置。这里的速度是指运动目标相对于人眼的角速度而不是线速度。近处的物

图 8-1　真实的运动及运动体

体以较慢的线速度运动，就能够引起运动视觉，而远处的物体须以较大的线速度运动才能引起同样的知觉，这其中取决于角速度。人们可以感知近处路人的走动，却无法觉察在太空以极高速度奔驰的日月运动，也是同样的原因。运动视觉对运动速度大小的选择性，可归结为对物体运动变化的时间频率响应的低通或带通特性。

　　2. 表观似动视觉

　　似动视觉是对没有连续的空间位移的物体所产生的运动视觉。在这种情况下，只有静止的刺激在视野中相继呈现，运动不再是作用于视觉的固有物理刺激。日常的电影、电视与霓虹灯，是此类运动的最典型例子，有时也称这些现象为表观似动（Apparent motion）或视在运动。其含义是指几幅在空间上有位移的静止目标图案，如果在一定时间间隔内相继呈现，则可被视觉感知为目标的

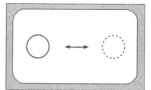

图 8-2　表观似动

连续运动。如图 8-2 所示，当左边的圆形与右边的圆形在计算机屏幕上以一定速度相继呈现时，将被感知为一个左右来回运动的圆形，尽管在任何时刻圆形都是静止的，而且在它们之间没有留下任何连续的运动轨迹。传统的理论曾以视觉暂留解释电影等此类现象；但作者认为，视觉残留只能解释电影画面的不闪烁，如同在 50Hz 的日光灯下无闪烁的感觉，即时间上连续，却无法解释在空间上的连续运动。表观似动虽然与真实运动视觉具有不同的物理刺激，却有与真实运动视觉一样的知觉结果，这提示需要探求一种统一的运动视觉理论来作出解释。

　　3. 运动视错觉

　　在日常生活与工作中，运动错觉现象非常普遍。这是一种不真实的运动视觉或运动幻觉。如理发馆门口的招牌，其圆柱筒只是绕垂直轴作水平转动，我们所看到的条纹却在垂直方向运动；当天空中一片云彩飘过月亮跟前时，可感知到月亮向反方向运动而云层不动；在电影中，常常可看到飞驰的车轮在倒转的现象（图 8-3）。同时，运动错觉还常常引起人的整体错觉。如坐在静止的火车车厢里，当窗外另一列火车驶过时，往往产生自己的车厢在移动而另一火车静止的错觉；在夜晚或暗室里，长久注视一颗星星或一个静止小光点，将感到光点在移动，称为星漂错觉。这类幻觉可能成为飞机失事的原因。在完全黑暗的夜晚，仅以编队飞行中领航机尾灯作为其他飞机的空间导向指示，飞行员就可能因判断失误而失事。因此也有必要对运动视错觉的起因作出研究。

　　运动（图形）后效也可归类为运动视错觉，图 8-4 模拟了此类运动错觉。将本图置于慢速转动（如每分钟 20 转）的盘面上，注视旋转中心约一分钟，然后突然停止转动，此时视野中图案并不是静止的，而是会朝反方向转动。需要指出，注视本图一小会后移开视线出现的残留像，是该图形的后像。

图 8-3　运动视错觉示意图

图 8-4　模拟运动后效的图形

8.1.2　运动视觉研究的意义及现状

　　视觉信息处理是一个迅速发展的多学科交互渗透的研究领域。它既有科学理论的一面，又有工程实用的一面。自 19 世纪发现虚动态镜效应并导致电影的出现以来，运动视觉就成了视觉研究的主要领域之一。在《Vision Research》、《JOSA》（美国光学学会会刊）和《J. Physiol. Lond.》（生理学杂志）等颇具影响的国际权威刊物上，每年都有相当数量的有关运动视觉研究的论文。在国际视觉与眼科研究协会（ARVO）会刊上，也都有大量有关运动视觉与眼动研究的论文发表。

　　一方面，视觉科学的发展要求人类全面认识自身视觉系统的结构与功能，并对各类运动视觉与运动视错觉作出正确的解释；另一方面，研究视觉系统的结构与运动信息处理功能，又可资在日常生活及各种工程领域的仿生学应用。例如，利用似动视觉发明了电影与电视；模仿蛙眼只对运动目标敏感而对静物熟视无睹的原理制成的电子蛙眼，可以准确地识别飞行目标；鸽眼具有识别定向运动的特性，据此原理发展的雷达系统，可以对从特定区域如机场与国境线外飞进来的飞机和导弹起反应，而对飞出去的目标无动于衷，从而提高识别精度与灵敏度；在军事上，飞机、坦克、导弹等都处于运动状态，发现并攻击这些目标，与蜜蜂和苍蝇等昆虫的跟踪追逐行为极为相似；利用运动视觉原理，还可以在大大压缩信息处理量的前提下，快速地从航空摄影、卫星遥感与气象云图中获取有效信息；人类的视觉系统具有实时、并行、高效及多功能等优点，研究这一信息处理系统的结构与功能，可直接为神经网络技术、计算机图像处理、光信息处理、机器人视觉及视觉光学等众多领域提供应用基础。因此，研究视觉对运动信息的获取、处理与感知,揭示其时间与空间编码特性,发展有效的、能够实际检测运动的计算理论与工程模型,是对视觉科学的重要增补,也是对神经网络技术等应用领域的贡献。这正是运动视觉研究的理论意义及其实用价值。

前人在视觉研究中确立的数学模型,大都是设计来解释这样或那样的运动视觉与错觉现象的。迄今已有的一些模型,虽能局部地解释一种或几种运动现象,但都不能从整体上描述运动视觉,不能如实反映视觉系统的层次结构与功能完备性。其中各阶段较有代表性的模型有如下几种。

1. 方向选择性模型

图 8-5 所示的方向选择性模型,由 Barlow 等人最早提出。这一模型表示的检测器,能够对一个方向的运动兴奋而对相反方向的运动抑制,运动信息取自两个光感受器输出的时间序列信号差异。其中的光感受器对应于视杆或视锥细胞,低通延时功能由水平细胞实现,双极细胞则把来自两个感受器的信息作相乘或类似逻辑"与"的运算。这是一个最小的运动知觉模型,由于它仅基于视网膜的前级结构,它所能完成的运动检测功能显然是极低级的,与整个视觉系统的运动信息处理功能相去甚远。另外,如果一个沿抑制方向运动的光点先经过感受器 A,然后在 A 与 B 之间稍作停留,再运动到 B,则检测器仍将产生兴奋,从而使之陷入自相矛盾之中。

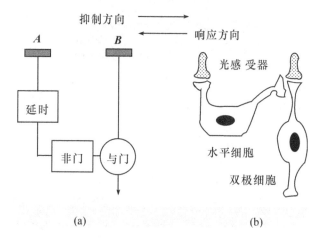

图 8-5　方向选择性模型

在方向选择性模型的基础上,Reichardt 等人发展了相关运动检测器模型,可以成功地检测有边缘轮廓或纹理状图像的运动。不过,这类检测模型的依据是昆虫等低等动物的相关运动检测机制,模型也只是在硬件上模拟实现,与人类视觉系统的生理结构与实际功能并不能很好吻合。另外,模型只对特定目标的特定运动良好响应,并不能解释现实世界中的普遍运动。

2. 零交叉运动检测模型

关于静态视觉,Marr 等提出以二维高斯函数的拉普拉斯变换(LOG)作为神经节细胞与圆对称型皮层细胞在视网膜上的感受野的权函数,并根据感受野尺度(决定于空间分布常数 σ)或空间通频带的不同分出不同的空间通道,检测图像中不同尺度的零交叉(Zero-crossing,即边缘)结构。在此基础上发展了图 8-6 所示的运动检测模型。子单元 X^+ 和 X^- 分别为兴奋型与抑制型神经节细胞,它们对感受野区内的目标可产生持续放电,Y^+ 和

Y⁻ 为另一类只产生瞬息放电的神经节细胞。整个检测器的工作原理是,当运动目标如细棒经过检测器所在区域时,X⁺ 和 X⁻ 将检测出目标的存在,子单元 Y 将检测到目标的运动。若目标从左到右运动,Y 产生正响应;从右到左运动时则 Y 产生负响应,速度为零时 Y 不起响应。

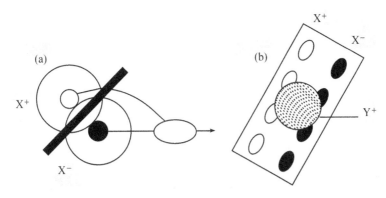

图 8-6　零交叉运动检测模型

　　该模型的特点是直接建立在持续型与瞬变型神经节细胞基础上,可以解释运动方向选择性,克服了 Barlow 模型的缺陷,在检测边缘和细棒的运动时得到了一些支持。但总的而言,它还只停留在视网膜信息处理的水平,只考虑了运动方向性,而忽略了同样重要的速度编码,没能把运动检测与视觉系统的时间响应特性相联系。此外,模型无法解释绝对速度阈限、速度上限以及方向分辨率,因此实质上与方向选择性模型无异。

　　3. 运动矢量检测器模型

　　1985 年,Watson 等人提出一个侧重于速度编码的运动检测模型。每个检测器由十个响应方向不同的感受器构成,这些感受器只工作在相同的特定中心空间频率,每个感受器的时间频率响应由"时间频率计"来测定,根据响应峰值的大小与位置确定运动速度与方向。这一模型的特点是第一次把运动速度也列入讨论范畴,并初步提出了时间频率与速度的关系。

　　然而,模型虽然能够在计算机上硬性实现,但毕竟与视觉系统的实际信息处理过程相去甚远。首先它得不到已有的生理学与心理物理学事实的支持。其次,每一个矢量检测器只能工作在一个狭窄的空间频率区域,要实现复杂结构物体的复杂运动检测,势必要有许许多多这样的检测器。而如何整合这些检测器的响应,模型没能交代,实际上也不可能实现,因为这不符合视觉系统以最少的结构与最短的运算时间完成最有效的信息处理的一般逻辑,也不符合日常的视觉经验与生理学事实。最后,在生理学上无法解释频率计如何实现。如果这是一些时间通道,那么模型中的这些通道只能工作在特定的中心时间频率及中心空间频率区域,并对同一运动方向起响应。这样,在检测复杂运动时,就需要有成千上万个时间通道参与。而 Smith 等人的工作表明,视觉系统中的时间通道只能是有限的几个。为此模型又一次陷入无法解脱的困境。

　　4. 扩展的零交叉运动检测模型

　　Harris 提出一种扩展的零交叉检测模型。他设想以检测单元的空间与时间响应的导数来实现运动速度与方向的编码。模型具有两个时空通道,每一通道都由空间滤波器与时间滤波器组成。第一通道的空间滤波器为一维高斯函数的二阶导数 $g''(x)$,第二通道则为

$g'''(x)$。第二通道的时间脉冲响应为高阶低通滤波器 $h(t)$，第一通道则为 $h'(t)$。运动速度大小正比于两通道时空响应之比，运动方向取决于比值的符号。从有关的计算结果看，模型成功适用于一维边缘的一维运动检测。

显然，模型仅考虑了空间一维的情形。一方面，这与视网膜的二维结构及各类感受野的二维响应特性不符，虽然 $g''(x)$ 可解释为 Marr 的零交叉检测器的一维等效，但 $g'''(x)$ 的生理学基础无从谈起。另一方面，它丢失了图像的另一维结构信息，没能将静态视觉与运动视觉统一起来。此外，模型仍没有定性或定量解释绝对速度阈限，速度上限，方向分辨率等视觉事实。最后，Harris 没有在此基础上探讨运动视觉的更高级功能，如复杂图像的复杂运动检测、三维物体的深度运动检测等。

8.1.3　运动视觉研究存在的问题

在视觉研究中，有关静态图像的模式识别的工作比较充分，已成熟地按视觉系统的层次结构建立了由简单到复杂的各种检测模型，并应用于机器人视觉、计算机图像处理诸方面。但这仍只停留在初级水平，就视觉而言，运动信息更为重要与复杂，静止只是运动的一个特例。而从前面介绍可知，有关运动视觉的研究还很初步，迄今未有一种能完善描述其信息处理过程的理论与模型。所存在的问题概括起来包括如下几个方面。

对视觉系统输入的有关运动的基本信息认识不够准确。在相当长时期，研究者把运动的基本信息归结为视野中光流的连续变化，认为"速度矢量"是最基本的运动输入信息，视觉系统只是把它如实地反映在知觉上而已。由此构造的模型当然就只局限于速度矢量的检测。这些模型虽然在一定程度上可以解释目标的连续运动，但在描述电影电视等同样普遍存在的表观似动现象时陷入困境。在表观似动中，根本不存在连续变化的光流或速度矢量，却产生了极好的视觉效果。为此必须进一步寻找更基本的运动刺激信息，将真实的连续运动视觉与离散的表观似动统一起来。

多数运动视觉模型只涉及运动方向编码。运动方向在视觉运动检测中确实起着重要作用，所以从 Barlow 的方向选择性模型到 Marr 的零交叉运动检测模型，莫不着眼于运动方向的检测，却忽略了同等重要的运动速度的编码问题。同时这些研究多局限于最低级的视网膜水平，只对局部运动作检测。显然，不考虑视觉通路从视网膜到视皮层的逐级神经网络的作用，进而从视觉系统总体上分层次揭示运动检测机制，任何模型都站不住脚。

视觉直接接收的刺激应是位于眼前视平面上随时间变化的二维光强分布，作为运动视觉最基本输入的是其中的空间位置、空间频率和时间频率信息。而此前的运动视觉研究，包括静态视觉研究都没能清楚地揭示它们的内在联系，也没能指出它们与运动速度与方向的关系。在讨论各级神经元的感受野特性时，往往只考虑它们对空间位置的响应，而忽视对空间频率的响应，更极少涉及时间和时间频率的响应。因此无法从实质上正确解释空间分辨率、绝对速度阈限、速度上限、方向分辨率等一系列视觉事实。

此前的运动检测模型，其速度检测器的响应与空间频率有关，在检测复杂结构物体的运动时，就需要许多空间尺度不同的速度检测器参与，而这些检测器的响应各不相同。这既与视觉事实不符，最后总合这些响应也变得不可能，从而使模型本身陷入无法克服的矛盾之中。显然，实际的运动检测器的响应都应与速度大小成正比，而且，对于给定速度的运动，不管目标的尺度及大小如何，所有检测器的响应均应相同。

运动视觉的研究没能与静态视觉有机地统一起来。在研究静态视觉检测机制时,只讨论空间响应而忽略时间响应;在研究运动视觉时,又只看重时间与速度信息而忽略空间结构检测。作为完整描述运动视觉的理论与模型,不仅应分层次考虑由点、线直至二维图像的二维运动的检测,还应对三维物体的三维运动及其他更复杂的运动检测作出全面描述。但迄今为止的所有工作,均未能解决这一问题。

8.2　运动视觉的物理刺激和功能特征

8.2.1　运动视觉的基本物理刺激

静态视觉只需抽取物体的空间信息,即空间位置与空间结构信息。运动视觉则不仅要抽取目标的空间结构与位置,也必须检测它们运动变化的快慢程度。物体空间结构的疏密用空间频率表征,运动变化的快慢程度则由时间频率来描述。运动视觉的目的是感知运动并确定运动的速度与方向,可知其检测信息是多方面的,比静态视觉更复杂,静态视觉只是运动视觉的一个简单特例。为便于理解,这里先对空间与空间频率、时间频率、运动速度、运动方向等基本概念作一介绍。

1. 空间与空间频率(Spatial frequency)

视觉感知物体的存在,既要确定物体的空间位置,也要提取它的空间结构。空间位置可由物体影像在视网膜上的位置来确定,空间结构则由空间频率表征。空间频率以每单位长度内有多少条线来表示,表征物体结构的粗细或疏密程度。静止的一维正弦光栅,沿 x 方向排列,其光强度分布函数为:

$$C(x) = C_0[1 + m\cos(2\pi Ux)] \tag{8-1}$$

其中 C_0 代表光栅平均光强度,m 为光栅光强度变化因子,U 是光栅的空间频率,它是相邻两个峰值之间的距离即空间周期的倒数。沿 y 方向分布的正弦光栅,空间频率 V 同样可由空间周期的倒数给出,任意取向的光栅的空间频率,又都可分解成沿 x 方向与沿 y 方向的两个空间频率,或者说等同于后两者的叠加。

显然,空间频率越低光栅条纹越疏,空间频率越高光栅条纹越密。在视觉上可以粗略认为,任何一个物体或一幅光学图像,都是由许多正弦光栅叠加而成,这些光栅具有不同的空间频率和空间取向。其中均匀的背景为零频成分,光分布缓慢变化的成分称为低频,而光强度急剧变化的细节为高频成分。从光学衍射原理可知,所有的光学系统都能较容易地检测零频和低频成分,对高频成分则由于孔径受限而截止。为此,光学系统都具有低通滤波器性质,对空间细节的分辨率都是有限的。眼球光学系统也不例外。作为视觉系统前级的眼球光学系统的空间频率低通特性,又决定了后续的视觉神经网络系统在空间频率上的低通或带通滤波性质。

2. 时间频率(Temporal frequency)

时间频率反映的是物理过程运动变化的快慢程度,如我国市用交流电每秒改变 50 次,时间频率为 50Hz。视野中目标的运动,也必将引起视网膜接收到的光信息不断变化,变化的快慢程度也由时间频率来表征。沿 x 方向分布的一维正弦光栅以速度 R 在 x 正方向的运

动,其光分布可表示成:

$$C(x,t)=C_0[1+m\cos2\pi U(x-Rt)] \tag{8-2}$$

或写作

$$C(x,t)=C_0[1+m\cos2\pi(Ux-Wt)] \tag{8-3}$$

与(8-1)式相比,上两式多出了一个时间项,分别与运动速度 R 及由运动而造成的光分布变化的时间频率 W 有关。以速度 R 进行运动的正弦光栅,与在原地以时间频率 W 变化的正弦光栅完全等同。可见时间频率与运动速度有着直接联系。物体的空间结构给定时,时间频率越高,说明其运动速度越快,反之亦然。日常的视觉经验显示,人眼只能对以适当大小的速度运动的物体产生运动知觉,速度太大和太小都不能引起运动感。与此相关,运动变化的时间频率太快或太慢的物理过程,在视觉上均不能引起运动知觉。虽然日光灯总以50Hz 的时间频率闪烁着,但因为这一频率超过了人眼的临界闪光频率,因而人眼已经无法觉察到这种变化;当然,变化太慢又会被看作静止。这说明,视觉系统在时间频率上也应具有低通与带通滤波的选择特性。

3. 运动速度(Speed of motion)

周围世界物体的实际运动是三维的(图 8-7),运动速度可分解成视平面内的二维运动 Rx、Ry 和深度方向的运动 Rz 三个速度分量。但由于人眼视网膜是一个二维的平面结构,它能直接检测的运动也必是二维的,即三维运动在视平面上的投影 Rx 和 Ry。这样,基本的运动检测器是用于检测一维和二维运动的,在此基础上完成三维运动直至更复杂运动的检测。因此就二维视网膜而言,目标的运动速度可记为向量 $R=(Rx,Ry)$。

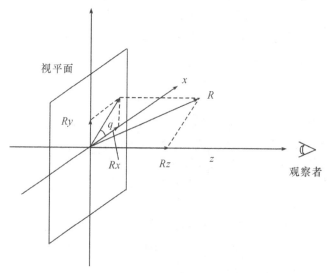

图 8-7 视平面与运动速度及运动方向解析图

上式未将深度方向的运动速度 Rz 考虑在内,是因为这一速度需借助特定的检测机制,将在专门的章节详细讨论。

人类视觉的速度响应特性非常复杂。首先它对运动速度有选择性,只有速度在一定范围内的运动才能被人眼感知,只有一定范围内的速度,视觉才能准确测量与计算。其次,人眼对运动速度有较好的分辨率,对于不同的运动形式这种分辨率又各不相同。视觉对速度的选择性是由更基本的时间与空间特性决定的。速度分辨率则取决于运动检测器的时空响应信噪比。

4. 运动方向(Direction of motion)

由图 8-7 可知,目标的二维运动方向由方向角 θ 决定,即

$$\theta = \tan^{-1}(Ry/Rx) \tag{8-4}$$

在运动视觉中,运动方向的检测十分重要。除了确定目标的趋向,还有助于发现目标,实现目标与背景的分离。图 8-8(a)中,构成目标与背景的随机点,以同样大小速度沿不同的方向运动,这时人眼无法区分目标与背景。而图 8-8(b)中,目标随机点与背景随机点各自沿同一方向运动,虽然运动速度各不相同,但人眼很容易区分出目标与背景分界的轮廓。人类的视觉具有很高的运动方向分辨率,经实验测定,在双眼视觉时方向分辨率可达 0.2°。只要运动方向有 0.2°的细微改变,人眼就能够觉察到。在宏观上,视觉系统对投影于视网膜上的任何方向的运动都能良好响应,表现为各相同性。但在细胞水平考察,单个运动检测器是方向选择性的。

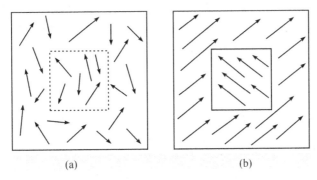

(a)   (b)

图 8-8　运动方向与目标—背景的分离

8.2.2　视觉的空间位移和时间频率响应特征

在表观似动中,若相继呈现的图案空间位移太大或太小,那么不管呈现的时间间隔取何值,都不能引起良好的运动知觉。以某些动画片为例,每秒 24 幅的帧频,时间上完全符合要求,但由于没能掌握好相邻画幅间动作的空间位移,看起来就显得跳跃不连贯。这一点,美国动画片《米老鼠与唐老鸭》、《功夫熊猫》等做得最为出色。

真实的运动视觉与表观似动,虽然两者原始的物理刺激并不相同,最终却产生了一样的知觉效果,说明它们应有统一的信息处理模式,也说明连续的运动并不是引起运动知觉的基本物理刺激。只要存在相应的空间与时间变化,即使刺激是离散的,也可得到一样的视觉效果。这一点其实不难理解。任何计算机采样接口或是光学探测器件,由于接收列阵在空间上是离散的,时间响应又受到器件时间常数的限制,故对于连续图像的抽样在空间与时间上必定也是离散的,视觉系统也不例外。

真实的运动尽管具有连续运动的网膜影像,但由于视网膜本身的结构以及后续的神经细胞的感受野分布都是离散的,因此所能提取的空间信息也是离散的;同时,复杂的视觉通路中细胞间多以化学突触联结,化学递质的释放与再生需要一定的时间,成千上万的细胞之间的通讯需要足够的时间来完成,使视觉系统在时间上也不可能作连续响应,只能离散地提取信息。为此,物理上的连续刺激,在视觉上仍然是按一定的空间与时间间隔被离散地抽样

处理的。实际上,任何连续的运动刺激,都可分解为一幅幅空间间隔无限小的序列图案在极短时间间隔内的相继呈现,如图 8-9(a)所示。而当相邻图案间的空间间隔与时间间隔增大时,就变成了表观似动的情形,见图 8-9(b)。

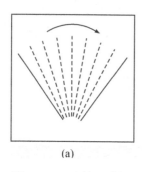 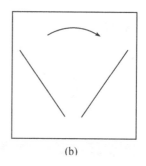

(a)   (b)

图 8-9 (a)连续运动的空间—时间解析和(b)表观似动

在计算机上产生图 8-9(a)中依次呈现的线条序列,呈现的时间间隔适当时,可获得平稳的表观似动知觉。时间间隔逐渐减小,频率增加,线条的平滑运动逐渐消失而呈跳跃式;继续减小时间间隔,跳跃运动也不再存在,只觉得一片模糊影子一闪而过,被试者觉察不到线条本身的存在与运动;反之,逐渐增大时间间隔,频率减小,线条运动将减慢以至不再运动,被试者只看到一系列孤立的线条分别在不同位置出现。这进一步表明,当目标运动时,视觉系统对时间频率的响应有选择性。

8.2.3 运动速度与运动方向响应

视觉对时间频率的选择性,造成了它对运动速度的选择性。人眼能感知到运动的目标速度存在一个下限,称为绝对速度阈限。速度太小时,无法觉察它在运动,如钟表时针的走动,日月的运行等。经计算,太阳的运行角速度是 $0.25'/s$,人眼已无法觉察,说明此速度已低于绝对速度阈限。绝对速度阈限的数值也与物体本身的空间尺度有关。空间尺度越大,对应的绝对速度阈限也越高;空间尺度越小,速度阈限越低。通俗地说,要觉察每秒钟仅移动几毫米的一列火车的运动,显然要比觉察以同样速度爬行的一只蚂蚁难得多。实际上,觉察火车的每秒数毫米的运动几乎是不可能的。

能引起平稳视觉的速度还存在一个上限,速度超过上限值的运动,人眼又来不及响应,如从奔驰的列车窗外掠过的树木。不过此时仍可感知到一种失真了的跳跃式运动,只是无法判定速度。

速度继续增大至某一数值时(称为极限速度),人眼就既不能判定目标的速度,也无法感知其存在与运动,如一颗射出的子弹。可见,能引起运动知觉的速度有一较为复杂的范围。现在要解决的问题是,什么机理决定了这一速度范围?

8.3 运动视觉的机制与模型

视网膜近似地等同于一个二维的平面,在这一平面上分布有上亿个视锥细胞与视杆细胞。无论是客观物体还是光学图像,最终引起视知觉的都是它们在视网膜上所成的光学影像。与光学信息处理及计算机图像处理一样,视觉接收的基本刺激,也可归结为是位于眼前视平面上的二维光强度分布。把静态的视觉刺激记为 $C(x,y)$,其光分布只是空间坐标的函数,与时间无关。而将运动或者变化的刺激记为 $C(x,y,t)$,也写作 $C[x(t),y(t)]$,光分布既是空间的函数,也随时间改变。从这个意义而言,真实运动和表观似动的视觉刺激在数学物理上是一致的,因此人眼可以同时对真实运动和表观似动进行感知。

我们认为,视觉系统拥有各种运动检测单元,每一检测单元均由两个检测通道组成。一个是静态通道,检测空间频率信息,时间频率上具有低通滤波特性;另一个是动态通道,时间频率上具有带通特性。当且仅当两个通道同时有响应时,人眼才能感知到运动,检测出运动的速度,见图 8-10。

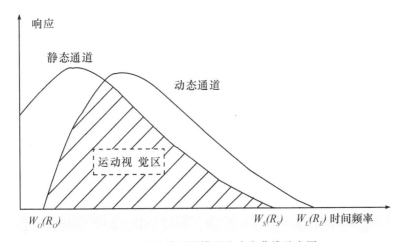

图 8-10 运动检测器模型及响应曲线示意图

这一运动检测器模型正确解释了视觉对时间频率和运动速度的选择性。显然,获得良好的运动视觉的条件是,当且仅当两个通道均具有响应时,才能感知运动速度,这样的区域只能是两条响应曲线的重叠部分,即图中的阴影区。当目标变化的时间频率低于 W_O 点时,只能引起静态通道响应,而动态通道响应为零,其结果是运动检测器输出为零,即视觉感知不到目标的变化;反映在速度上,将目标感知为静止。如时针的走动,日月的运动等。因此,W_O 对应于绝对速度阈限 R_O。

如果运动变化的时间频率高于 W_S 而低于 W_L,只能引起动态通道的响应,而静态通道响应为零。此时视觉虽能感知到目标的运动,却无法计算速度,也不能分辨目标的结构细节。如奔驰的列车窗外高速掠过的树木,高速转动的电扇叶片等。

速度高于 R_L 的运动,动态通道与静态通道均无响应,说明视觉既不能计算速度,也不能感知目标在运动,甚至无法觉察到目标的存在。如一颗出膛的子弹的运动等。

只有当时间频率或运动速度处在 $W_O(R_O)$ 与 $W_S(R_S)$ 之间的运动视觉区时,才能同时引起动态通道和静态通道的良好响应,视觉也才能有效地感知到目标的运动,并计算其运动的速度。因此,人眼对运动速度的选择性,取决于视觉系统内部的运动检测器对时间频率的响应。

已经指出,在神经细胞水平,视觉对运动方向的检测是选择性的;而在宏观上,人眼对目标的运动方向的检测是各向同性的。不管物体朝哪个方向运动,我们都能很好地加以判别,这也表明,视觉系统中应存在对各个方向的运动敏感的运动检测器。其中的机制还有待进一步研究。

8.4　深度方向运动及其视觉检测机制

　　既然视网膜是二维平面结构,只能接收与检测二维平面内的光信息,或者说人眼只能直接感知二维目标及二维运动,那么视觉又如何从二维光信息中获得深度方向运动(Motion in depth)知觉呢?

　　立体视觉的产生,基于双眼间有一定的距离以及由此引起的视差,所以人类双眼具有较好的立体视觉功能,而单眼没有这种能力,只能凭直觉或暗示猜测深度。问题是,我们的研究发现,单眼也具有良好的深度运动知觉功能。另外,如果深度运动检测功能也仅取决于双眼视差,那么对于蜜蜂与苍蝇等双眼间距极小的昆虫,微小的双眼视差显然不足以支持它们良好的深度运动检测能力,而众所周知的是,蜜蜂和苍蝇都具有极好的相互跟踪能力。为此,必须探讨另外的检测机制来解释深度运动知觉。

8.4.1　单眼性的深度运动检测机制

　　日常的视觉经验表明,在不存在视觉暗示时,单眼没有立体知觉,却仍具有良好的深度运动检测能力。说明存在单眼性的深度运动检测机制,如图 8-11 所示,在计算机屏幕上产生矩形图案,并使它们的各边以图示的方向在平面内运动,从(a)和(b)图,被试者感知到矩形分别在水平和垂直方向拉伸,两种情况都没有深度运动存在。而若将两者组合,使矩形(c)的左右边与上下边同时在水平与垂直方向按箭头指向运动时,被试者即使以单眼观察,也可感知到明显的深度运动:矩形由远而近向屏幕前驶来。与此类似的现象很多,比如中央电视台新闻联播开始时,可看到一个地球由远而近向观众迎面而来,而实际上在任何时刻地球都处在电视屏的平面内。

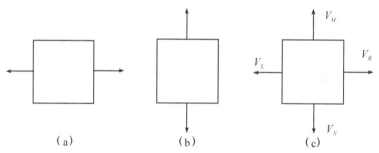

图 8-11　一维相对运动和二维相对运动
(a)和(b)感知拉伸变形;(c)感知深度方向运动

　　实验表明,二维运动的视觉效果并不是两个一维运动视觉效果的简单组合,因为视觉具有从二维运动恢复深度运动的能力。考察图 8-12 所示的一般情形,一个宽 L 和高 W 的矩形,在深度 D 处沿与视轴成 θ 角方向以速度 V 运动。对于深度方向的速度分量 $V\cos\theta$,人眼无法直接检测。设矩形各边因深度运动而引起的在视平面内的运动速度分别为 V_L、V_R、V_M和 V_N(参见图 8-11)。经推导可得:

$$(V_L - V_R) = (L/D) \cdot (V\cos\theta) \tag{8-5}$$

$$(V_M - V_N) = (W/D) \cdot (V\cos\theta) \tag{8-6}$$

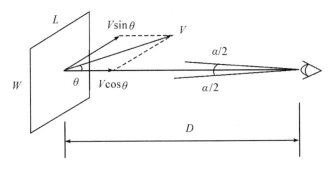

图 8-12　深度方向运动示意图:对应于单眼性检测机制

实验结果与(8-5)、(8-6)两式都表明,在单眼视觉时深度运动速度 $V\cos\theta$ 被编码在视平面内的二维相对运动中。因此,视觉系统中可能存在对相对运动 (V_L-V_R) 及 (V_M-V_N) 敏感的检测器对,实现深度运动速度的检测,检测器对的响应与目标的速度成正比。

深度运动的方向主要由 θ 角决定。由推导得到:

$$V_L/V_R=[\tan\theta+\tan(\alpha/2)]/[\tan\theta-\tan(\alpha/2)] \tag{8-7}$$

式中 α 为运动目标的视张角。上式给出了单眼视觉时深度运动方向 θ 与相对运动速度比 V_L/V_R 的定量关系。据此我们认为,视觉系统中存在对速度比 V_L/V_R 敏感的检测基元,这些基元的响应只与深度运动方向有关,而与深度运动的速度大小无关,它们在深度运动的方向检测中起着主要作用。

8.4.2　双眼性深度运动检测机制

此前的视觉理论未能对双眼性的深度运动检测机制作出完整解释。某些学者提出的双眼通过检测双眼视差变化而获得深度运动知觉的观点,也缺乏说服力。需要对此作进一步研究。我们设计了图 8-13 实验,物点 Z 和 Y 在计算机屏上作速度为 V_Z 和 V_Y 的平移,通过双目筒让左右眼各自看到一个物点,受试者可将两物点融合,最后感知的并不是两个物点的平面运动,而是一个虚拟物点 O 由远而近的深度方向运动。只用单眼观察时,深度运动感不再存在。

这一实验表明,人类视觉系统中必定存在双眼性的深度运动检测基元。根据图 8-14 的几何图解和数学推导,可得:

$$(V_Z-V_Y) = (S/D) \cdot (V\cos\theta) \tag{8-8}$$

上式中 $V\cos\theta$ 即为深度方向的运动速度,D 为目标距离,S 为瞳孔距。该式表明,深度运动速度编码在左右网膜像速度之差中。这提示,视觉系统中可能存在对双眼网膜像速度差 (V_Z-V_Y) 敏感的基元,完成深度运动速度检测。同理可推导出速度比:

$$V_Z/V_Y=(\tan\theta+\tan\varphi)/(\tan\theta-\tan\varphi) \tag{8-9}$$

这说明左右眼网膜像速度比与深度运动速度无关,而与方向角 θ 具有定量关系。视觉系统中也可能存在对左右网膜像速度比 V_Z/V_Y 敏感的基元用于检测运动方向。

值得指出,单眼性的深度运动检测机制,与双眼性的深度运动检测机制的形式完全一致,都是从视平面内的二维相对运动中恢复三维的深度运动,并由相对运动速度之差计算其速度值,从速度之比计算和确定深度运动的方向。因此,单眼性与双眼性的深度方向运动检测机制虽然各司其职,但它们的构造与信息处理功能是完全统一的。这也正是视觉神经网

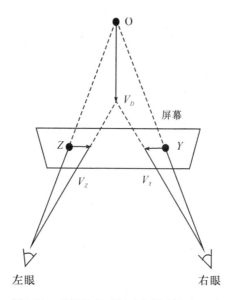

图 8-13　双眼性相对运动与深度方向运动

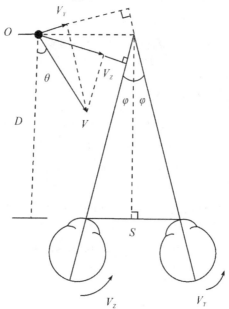

图 8-14　目标的深度运动：相对于双眼性机制

络结构及其功能的一般逻辑，反映了视觉系统的高度统一性与完备性。

8.5　表观似动的对应匹配法则

在电影等表观似动例子中有一个问题不能忽略，即相继呈现的两幅图案中哪些成分之间能够对应匹配（Correspondence matching）。电影中常常可看到的车轮倒转现象，即是对应匹配出现谬误而引起的错觉。本节将对此作说明。

由计算机首先产生图 8-15 线段 L，显示 100 ms 后消去，再产生线段 M 和 N，显示 100 ms 后消去，如此循环，被试者可觉察到线段在屏上作来回运动。现在要测试的是，人眼所感知到的运动方向是从 L—M 还是 L—N。实验表明，这种运动匹配主要取决于后继线段 M、N 与起始线段 L 的距离，据此得出对应匹配法则：两幅相继呈现的图案中空间位置最邻近的像素对应匹配。

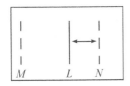

图 8-15　空间最邻近者对应匹配

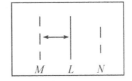

图 8-16　形状最相似者对应匹配

图 8-16 实验中各线段的显示次序同上，只是线段 N 要短些。这时感知到的运动总是在 L 与 M 之间来回进行。可得到对应匹配法则：两幅相继呈现的图案中形状最相似的像素对应匹配。

以上讨论的是两条最基本的对应匹配法则，已为另外的大量实验事实所验证，违反了其中的任何一条，都会导致运动错觉。利用对应匹配法则可以很容易解释电影中的车轮倒转现象。图 8-17(a)所示是由计算机产生两幅相继呈现的车轮辐条，为区别起见分别以实线与虚线表示，两幅辐条成 45°角。这时看到的辐条运动状态是一会儿顺转，一会儿逆转。这是上述两条对应匹配法则下产生的必然结果，因为虚线表示辐条，既可以由实线表示的辐条顺时针转过 45°而成，也可由逆时针转过 45°而成，而且两者的形状完全相同，故有此现象。通过计算机改变辐条显示的空间间隔，并采用不同的显示顺序依次呈现 X_1（粗线表示）、X_2（细线表示）和 X_3（虚线表示）的三种十字形辐条，辐条运动方向将是确定的。若呈现次序为 X_1—X_2—X_3，则感知辐条顺时针转动，如图 8-17(b)所示，且转动方向是唯一的，因为按照对应匹配法则，作 X_1—X_2—X_3 这样的依次匹配，空间上最邻近。同理，从图 8-17(c)中看到的辐条转动方向是逆时针的。电影中的辐条倒转，是由于拍摄帧频与车轮转速不同步，结果把快速正转的轮子拍摄成图 8-17(c)的显示序列之故。按照上述对应匹配法则，便造成了车轮倒转的错觉。

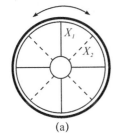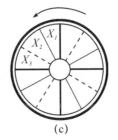

(a)　　　　　　　　　　(b)　　　　　　　　　　(c)

图 8-17　不同呈现次序引起辐条的旋转运动知觉

(a)不确定；(b)顺转；(c)逆转

依据对应匹配法则，不难解释第一章图 1-4 的运动视错觉现象。为简洁起见，仅以一个外圆环为例（图 8-18）。眼睛注视图中央的黑点并将头部远离图片时，观察到圆环作逆时针转动，反之作顺时针转动。当头部远离图片时，相当于图片远离观察者作深度方向的运动，圆环的视网膜像实际在缩小，设大环为起始时刻的视网膜像，虚线框内的小环为眼睛远离图片后的某一时刻的像。由于大脑已事先知晓这种深度方向的运动,并对此作出补偿,因此我们并不觉得圆环在缩小。问题是,前一时刻与下一时刻的某一对应方块(如白色方块)的视网膜像位置已经发生位移,而视觉系统当然要将这两个对应方块匹配起来,其结果是认为转动了一定的角度,参见图中箭头所指方向和长短。所有方块的前一位置和下一位置两两对应匹配的结果,使人眼确信整个圆环在作逆时针转动。同理,当头部靠近图片时感知到顺时针方向的转动。需要指出,当盯住某个方块前后移动头部时感知不到圆环的转动,因为此时被注视的方块视网膜像位置不变,据此视觉系统判断圆环不转动。

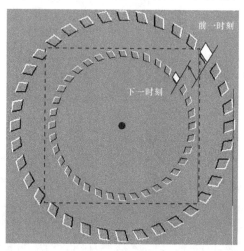

图 8-18　对应匹配法则用于圆环转动错觉的解释

　　视觉刺激除了形状与位移等因素外,还包括颜色、取向、立体暗示等多种因素。对应匹配的法则也必定是多方面的。图 8-19 实验考察了颜色在对应匹配中的作用。由计算机先显示红色线条 H_1,再同时显示红色线段 H_2 及蓝色线段 B,交替循环进行。其中 H_1 与 B 的距离小于 H_1 与 H_2 的距离。结果发现,受试者感知的视运动总是在 H_1 和 B 之间来回,尽管两者颜色并不相同。这一实验初步说明,颜色在运动匹配中不起主要作用。但如果 B—H_1 和 H_1—H_2 的距离相同,则运动匹配产生在 H_1—H_2 之间。图 8-20 实验探讨取向在匹配中的作用,当实线表示的倾斜线段 L 与虚线表示的线段 M 和 N 交替呈现时,可同时觉察到 L—M 和 L—N 的运动,仿佛斜线 L 旋转后运动到 M 和 N 位置,反之亦然。这说明视觉也可处理形状与方位不同的运动像素的匹配。

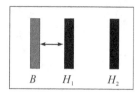
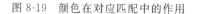
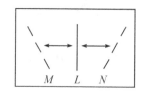

图 8-19　颜色在对应匹配中的作用　　　　图 8-20　倾斜线与垂直线的匹配

　　图 8-21 说明了体视因素对匹配的影响。线段显示次序同前,只是引入一立方体结构,使 L 和 M 看起来在同一平面上,而 N 在另一平面上。被试者看到线段 N 在原处闪现,另一线段在 L 和 M 之间的来回运动,即运动匹配在 L—M 之间。因此,在存在三维结构与运动暗示的条件下,平面运动的像素优先匹配。

　　综合上述表观似动的对应匹配实验,可以得出结论:首先,空间位置最邻近的像素匹配,

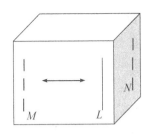

图 8-21　体视暗示因素在匹配中的作用

说明视觉偏向于处理小位移及低速或中速的运动,这又一次反映视觉时间滤波器的低通或带通特性;其次,结构最相似的像素匹配;第三,距离相同时,颜色一致的像素优先对应匹配;第四,平面像素之间优先匹配,等等。这是视觉系统的固有特性,即以最简洁的机制去完成最复杂与最完备的功能。

　　小孔问题(Aperture problem)是运动检测的基本问题之一。小孔问题的表述是,当通过一个圆形小孔观察某一目标(如光栅)的运动时,人眼能够感知的运动方向都垂直于光栅,这是因为我们把小孔里的光栅的局部运动看作整体运动了。图 8-22(a)所示,无论光栅朝左或朝上运动,通过小孔,我们只能看到光栅沿箭头所指的方向运动,小孔遮挡了光栅的实际运动状况,取而代之的是一种主观上的视见运动,即表观似动。小孔问题的原因,也可依据表观似动的对应匹配法则得到解释。由图可知,每一光栅条均与小孔截取出两个端点,根据匹

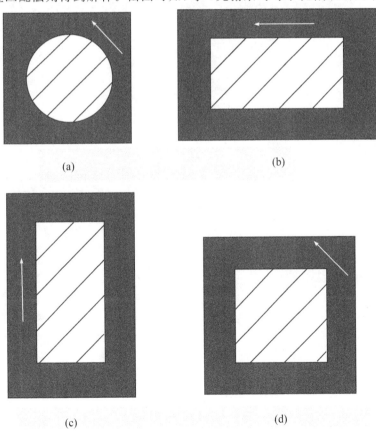

图 8-22　不同小孔情况下的视见运动方向

配法则,当前位置的每一光栅条的两个端点,将分别与下一时刻出现的最近的光栅条的两个端点相匹配。虽然看到的这些端点的运动方向沿着圆周,但视觉系统总倾向于将每一光栅视作一个整体或刚体,因而感知到的每条光栅运动的方向将是其两个端点运动方向的合成方向,即垂直于光栅的方向。因此,小孔的严格表述应该是,感知到的光栅运动方向是其端点运动方向的合成方向。

由此推论,当小孔的形状发生改变时,光栅的视见运动(表观似动)方向将分别变为向左[图 8-22(b)]、向上[图 8-22(c)]和沿对角线方向[图 8-22(d)]。其中图 8-22(c)很好地解释了理发店招牌的运动错觉(参见图 8-3)。从观察者的视网膜投影像而言,理发馆招牌的圆柱框相当于一个长方形的小孔。当圆柱转动时,彩条的运动方向由端点确定。而根据对应匹配法则,彩条左右两排端点的运动方向均向上,因此合成方向向上,这就是为什么彩条看起来总是向上运动(正转)或向下运动(反转)的原因。

第九章

视觉仪器及检测技术

9.1 视觉仪器概述

视觉仪器是医疗器械及仪器的组成部分,其中主要是视觉光学仪器。它与普通的目视光学仪器(望远镜、显微镜、照相机等)有所不同,如显微镜包括生物显微镜、金相显微镜、立体显微镜等,虽然它们的视场、工作距离、放大倍率、照明系统等的设计需要考虑人眼的光学特性,但并不属于视觉仪器的范畴。本章将要叙述的视觉仪器,是指与视觉系统的结构和功能有关的常用检查(检测)仪器及治疗仪器。

按照其功能和作用的不同,视觉仪器可分为两大类,即治疗性视觉仪器和检测性视觉仪器。我们最熟悉的治疗仪器要算眼镜了,它能使近视眼和远视眼等获得矫正。而配戴眼镜之前,需要先对眼睛的屈光度进行测定,这要靠各种验光仪来实现。眼镜和验光仪就是两类不同功能的视觉光学仪器。准分子激光角膜切削术,则是通过改变角膜曲率半径来对近视眼进行手术治疗的技术。同样,在作切削手术之前,也需要先对角膜的曲率半径或地形进行精确测量,这种测量由角膜地形分析仪来完成。除此之外,也有既用于检测又用于治疗的仪器,如同视机既可对双眼立体视觉功能以及斜视和弱视进行检测,又可用于治疗斜视和弱视,当然,这种治疗仅适用于儿童。

视觉系统在人类生活和工作中极为重要,在本书中多次强调过它的功能和重要作用,因此,无论是用于治疗还是用于检测的视觉光学仪器,都应具备优化的功能和严格可靠的质量要求。视觉光学仪器及技术非常多,应用十分广泛。限于篇幅,本章仅就其中的一些典型的和常用的仪器及技术作阐述,主要包括视觉光学检测技术及仪器;视觉光学治疗技术及仪器;视觉高级功能测试方法及仪器等;此外对其他一些仪器技术如眼底照相技术、非接触眼压仪、眼底血流仪等作简要介绍。

9.2 视觉检测技术及仪器

视觉检测技术及仪器,主要是指应用于测定视觉光学系统的屈光特性与视力状况的仪器及其相关技术。其种类非常丰富,如各种检眼镜、视网膜镜、裂隙灯显微镜、角膜计、视力表投影仪、视力测定仪、综合验光仪、电脑验光仪、激光散斑验光仪、试镜架与镜片盒、角膜计、角膜地形分析仪、角膜测厚仪等等。

9.2.1　视力检查与测定方法

在入学、征兵、招工等的体检和眼科临床医学中,视力的检查与测定是一项十分重要的内容,应用也最为普遍。视力的普查主要依靠视力表来进行,目前广泛采用的是国际标准视力表,以对数视力 5.0 记为正常视力,对应于原来的小数视力 1.0。根据检查对象的不同,视力表的字形视标各异,有 E 字形,C 字形,手形,香蕉形,苹果形等等,采用最多的是 E 字形。但不论哪一种视标,其缺口设计的基准都是 1 分视角。

视力表的检查距离是 5m。相对于室内环境而言,这是一个较大的距离,一般在室内很难提供这样的检查条件,而在走廊上又容易被人员走动所干扰。此外,视力表的光照条件也应符合标准。为了解决这些问题,此前各单位普遍采用的是投影式视力表。由幻灯机等将 E 字形视标投影到受试者背后的白墙壁上,受试者观察前方墙壁上的一面镜子中的视标像作视力检查。这样既可由投影机预先设定亮度,解决视力表的照明问题,又可将空间要求减小一半而保持有效距离不变。

随着计算机技术的发展,越来越多的机构开始利用电脑进行视力检查。其方法是通过编程在计算机屏幕上显示不同视角大小的视标,每一时刻显示一个视标,而且缺口的方向随机显示。受试者在一定距离观察视标,判断视标的方向,并利用键盘或鼠标给出回答。如果回答的方向与视标缺口显示方向有 2～3 次均相同,则显示视角小一档的视标,依此类推,直到不能判别视标的方向,比此刻视角大一档的视力即为测定的视力。反之,如果一开始显示的视标受试者即看不清,则逐渐增大显示视标的视角,直到回答的方向与视标缺口显示方向有 2～3 次相同,这一视角对应的视力,即为测定的视力。图 9-1 给出了电脑检查视力方法的一个软件测试界面。

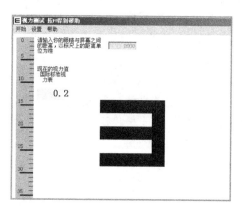

图 9-1　电脑视力检查法测试界面

这种方法的优点是,检查距离可任意设定,电脑会自动计算和保证视角的大小;视标的形式可方便地调换,以适应不同层次的受试者;视标的方向随机显示,可避免受试者对传统视力表进行背诵记忆的弊端,检查结果更加可信;测试过程自主进行,不需要医生或专门人士逐个对受试者进行检查,大大节省了工作量;此外,由于采用计算机系统,检查的结果可立即打印出来,也有利于对一批受试者的视力作统计。鉴于目前电脑的应用在各单位已十分普及,因此无须另置电脑,只需安装测试软件,即可实现视力的普查。

应该指出,这一方法的检查距离一般在 0.3～2.0m 之间,因此主要是一种近视力,或者是介于近视力与远视力之间的视力。要测定远视力,还是要将电脑屏幕与受试者的距离布置为 5m。当然,从光学角度而言,这里指的 5m 是光程,实际并不需要将电脑屏幕置于 5m 之外,也可以通过平面镜反射一次乃至两次的方式来达到 5m 光程。读者不妨自行思考利用电脑测定远视力的系统方案。

9.2.2 主观验光法和客观验光法

人眼屈光不正主要有近视、远视和散光三种,统称为非正视眼。视力的检查,是判别视觉光学系统功能好坏的重要依据。但视力检查的结果,只是定性或半定量地反映人眼的屈光状态,并不能直接应用于配镜和视力的矫正,后者需要采用验光方法来实现。

验光即是指测定人眼屈光不正的过程。验光的方法基本上可分为两大类:主观验光法和客观验光法。主观验光法是根据病人的主诉来确定屈光不正值;客观验光法是利用眼球聚焦原理或人眼视觉特性来测定屈光不正值。

常用的主观验光法是试镜法。让屈光不正者通过试镜架上的试镜片观看 5m 远处的视标,测试操作者根据被测患者的主诉和观察患者的面部表情,判断患者的屈光力,选择和调整试镜架上的镜片,直到被试认为满意为止。试镜过程中,镜架上的试镜片通常从小到大,直到患者认为最佳。如果更换镜片仍不能达到清晰要求,应怀疑有散光,并在试镜架上加柱镜片,不断调整柱镜片和柱镜片的方向,以找到最佳的柱镜片值和轴向。如患者没有其他眼病,矫正视力可达 1.0 以上,此时试镜架上的镜片数据,即是验光的处方。处方需写明球镜值,柱镜值和柱镜轴向。

试镜法验光设备简单,仅用一套试镜片和一副试镜架及一张视力表,只要验光师经验丰富,工作负责,患者配合好,就可以测得比较理想的数据。但试镜法验光手续繁,时间长,效率低,验光结果受患者的主观因素影响,对儿童和主诉困难的病人更加费时,而且操作者的验光经验也会使测试数据受到影响。

虽然如此,在自动验光或电脑验光飞速发展的今天,试镜法这种传统主观验光法仍然在广泛使用,甚至在自动验光后必须用试镜法来加以验证,确保测试的准确性。除此之外,试镜法验光也反映了患者的主观响应,这在实际上反映眼球光学系统的成像特性到视觉生理特性的整个机制,排除了自动验光只反映了眼球光学系统的成像特性的缺陷。

客观验光法不依赖于患者的主诉和测试者的操作经验,只根据仪器测定的屈光结果来确定屈光不正的物理量。客观验光法近年来发展很快,最常用的有检影法或称视网膜检查法。对有经验的检查操作者,此检查法准确性可达 $\pm 0.25D$,且散光轴向误差也小,使用器械简单,诊断快。检影法的测定原理是根据视网膜黄斑部和该眼远点为一对共轭点的性质,通过确定眼的远点,即可确定该眼的屈光不正类型及其度数。检查方法是采用一个中心有窥孔的反光镜将光源的光线反射到患者眼内,光线尽可能接近视轴,同时患眼注视远方以放松调节。检查者通过窥孔看到眼瞳孔中的反射红光,称为映光,在转动反射镜时,根据映光的运动方向和运动速度来判断屈光不正值。例如,对于近视眼,检查者所见的映光移动方向与反射镜的转动方向相反,对于远视眼则此两者移动方向相同,而从正常眼所见的映光不动。

除上述普通检影法之外,客观验光法还有光学验光、电子验光和电脑验光等方法。

9.2.3 电脑验光仪

电脑验光仪是根据眼球本身的屈光原理和人眼的视觉特性来进行屈光不正的测定的,

自动化程度很高,而且,这一方法不需要受试者主诉,并且采用红外光,因而是一种他觉验光法或客观验光法。

仪器的光学测量原理如图 9-2 所示。眼底视网膜上的 A 点经眼球光学系统本身后成像在远点 A',A' 点又经过验光仪器的物镜 O 后成像在 A'' 点。由光学成像理论可知:

$$x' = -f'^2/x = f'^2/(L+h') \tag{9-1}$$

受试眼屈光不正值 D' 可由 $D' = 1/L$ 给定。其中 h' 为眼球角膜顶点到验光仪物镜方焦点 F 的距离,f' 代表验光仪物镜像方焦距,L 是被测眼远点距,x' 和 x 分别为焦像距和焦物距。注意,这些参量有正负号。

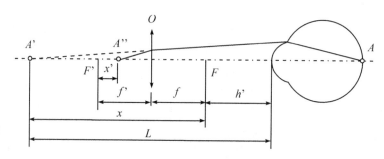

图 9-2   验光仪光学原理图

以所需佩戴的眼镜的顶点镜度 Fv 代替人眼的屈光不正值,即 $1/Fv = h + 1/D'$。其中 h 为眼镜片到角膜顶点的距离,取 $h = h'$,D' 为受试眼屈光不正值。得到:

$$x' = Fv \cdot f'^2 \tag{9-2}$$

焦距 f' 是在设计验光仪时事先选定的,因此只需测定 x' 的值,即可推算出所需要的受试眼的屈光不正值或配镜度数。

若 x' 为零,即 A'' 与 F' 重合,Fv 也为零,此时代表正视眼;如 x' 为负,即 A'' 在焦点 F' 之内,受试眼为近视眼;反之为远视眼。这样,测定 A'' 点的位置,是测定人眼屈光不正的类型和数值的关键。

采用检影法原理可以确定 A'' 点的位置。在电脑验光系统中设计了一个移动光斑系统,由红外光源、聚光镜、立方棱镜和调制鼓组成。调制鼓的柱面上有一系列长方形的透光狭缝,可绕光轴以一定速度旋转。鼓上的狭缝被投射到眼底,由此在眼底形成移动光斑。根据检影法原理,透过检影镜的光阑观察,如果眼睛为正视眼,则光斑看起来不动;而从近视眼和远视眼检影观察到的光斑移动方向相反。

电脑验光仪的测量系统由测量物镜、光阑、成像透镜组和光电检测元件组成。测量光组使眼底上的扫描条纹在 A'' 上成像。光阑为一狭缝,取向与光斑(条纹)方向一致。光阑与 A'' 的相对位置,决定了条纹的移动方向。为此,在电脑验光仪中设置有四个光电元件 a,b,c,d。a 和 b 的安置沿着移动光斑(条纹)的扫描方向(图 9-3)。当条纹从左扫向右时,a 的电信号位相比 b 超前,反之则位相相反。当光阑与 A'' 重合时,条纹不移动,a 和 b 位相差为零。根据光阑的位置,即可测定 x' 的值,进而计算出屈光度 Fv。

在这一系统中,只有当投射到被检眼上的条纹方向与散光轴一致时,检测面上的条纹方向才与 a 和 b 的连线垂直,否则条纹将发生倾斜,参见图 9-3(c)。当存在倾斜时,光电元件 c 和 d 将产生位相差,据此控制电机转动,使条纹的移动方向与 a 和 b 一致,直到 c 和 d 的位相差为零时,电机停止转动,转动的角度即为散光轴的角度。

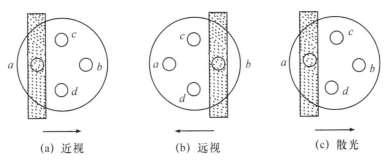

(a) 近视　　　　　　(b) 远视　　　　　　(c) 散光

图 9-3　验光仪条纹的移动方向

全自动电脑验光仪的种类很多,如 TR－4000 型电脑验光仪,Canon 的 RK－F₁ 型电脑验光仪,TOPCON 的 RM－A5000 型自动验光仪,NIDEK 的 AR－2020 型验光仪等,但其测量方法均基于上述的检影法原理,只是在光路设计、机械结构设计、测试过程及显示和打印方式稍有不同。

9.2.4　激光散斑验光仪

当一束可见的激光射向一个粗糙的表面时,将产生散射现象,这些散射彼此间互相干涉形成干涉图样,称为激光散斑,呈明暗交织的颗粒状斑纹。不同种类的屈光不正均可看清这些散斑,只是散斑的尺寸和颗粒度显得不同。而且,当正视眼观察散斑时,即使其头部作任意方向的运动,散斑图案看起来不动;而在屈光不正者看来,散斑会随着头部的转动而运动,其中远视眼看来散斑运动方向与头部运动方向一致,近视眼看来散斑运动方向与头部运动方向相反。对于散光眼,由于眼球各经线的曲率半径不同,受试者头部向某一方向运动时,情况可能与近视眼相同;向其他方向运动时,看到的情形可能与远视眼相同。利用这些规律,在受试者的眼球前镜架上插入不同度数的眼镜片,直到观察到激光散斑不同,此时眼镜片的度数即为眼睛的屈光不正值。

采用插片方法虽然直观,但存在诸多问题。首先,完成一次测试一般需要试插几种不同的镜片,操作起来较为复杂,效率低下;其次,插片的度数一般以 0.25D 或 0.50D 分档,测试精度受到限制;此外,让每个受试者不断移动头部,显得滑稽可笑,方法上不够科学。为此,我们设计了线性调焦望远系统来替代插片机构,可实现对眼睛屈光度的无级补偿矫正;同时,测试时眼球保持不动,而将散斑图案设计成按一定方向移动,由此构成的激光散斑验光仪原理如图 9-4 所示。

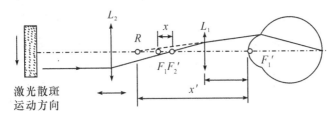

图 9-4　激光散斑验光仪原理

平行光束经过物镜 L_2 后聚焦在像方焦点 F_2' 处,再经过目镜 L_1 成像在 R 处。前后移动物镜,使 R 点的像正好落在视网膜上,则 R 即为人眼的远点。此时可看到清晰的目标像,具体到激光散斑,看起来散斑静止不动。说明人眼屈光不正得到了补偿与矫正,补偿量 $\varphi=$

$1/x'$即为人眼的屈光度。根据光学成像原理,有:

$$x \cdot x' = -f_1'^2 \qquad (9-3)$$

由此推算出眼睛的屈光度:

$$\varphi = 1/x' = -x/f_1'^2 \qquad (9-4)$$

可见,该望远系统提供的补偿矫正屈光度(即被测人眼的屈光度)与物镜 L_2 的移动量 x 成线性关系。事实上,x 即为物镜像方焦点与目镜物方焦点之间距离,对正视眼而言,x 值为零,即焦点重合。对于远视眼或近视眼来说,只要沿轴向前后移动物镜,直到人眼看到的激光散斑图案静止(图9-5),记录此时的移动量 x,即可精确计算出屈光度。

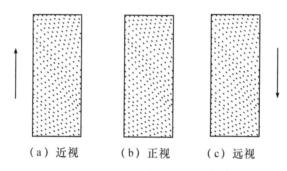

（a）近视   （b）正视   （c）远视

图 9-5   激光散斑的视在运动方向

对于散光眼而言,激光散斑需按不同方向运动,然后根据相同方法测定各轴向的屈光度,最终确定散光轴及度数。在此不作详述。需要指出,这种验光方法需要受试者主诉所见的激光散斑运动方向,因此是一种主观验光方法。

9.2.5   角膜曲率测试仪

正常眼的角膜曲率半径为:前表面为 7.6mm,后表面 6.8mm,其屈光度为眼球总屈光度数的 3/4 左右,约45D。因此,角膜曲率异常成为屈光不正的重要因素,对角膜的曲率和地形进行测定及分析具有重要意义。

测定角膜曲率的主要仪器有角膜计和角膜裂隙灯显微镜。角膜计是检测角膜曲率半径的仪器,主要是检测角膜前表面的曲率和屈光度。近年来,随着角膜手术的需要,推出了角膜地形测试仪,用来检测和分析角膜曲率的三维形貌,使配制角膜镜或实施角膜手术更加可靠。

角膜地形图仪由四部分组成:Placido 氏盘投射系统:将 28～34 个黑白相间的同心圆环均匀地投射到从中心到周边的角膜表面上,使整个角膜均处于投射分析范围之内。实时图像监测系统:投射在角膜表面的环形图像可以通过实时图像监测系统进行实时图像观察、监测和调整等,使角膜图像处于最佳状态下进行摄影,然后将其储存以备分析。计算机图像处理系统:计算机先将储存的图像数字化,应用已设定的计算公式和程序进行分析,再将分析的结果用不同的彩色图像显示在荧光屏上,同时,数字化的统计结果也一起显示出来。

角膜地形图是对整个角膜表面进行分析,其中每一投射环上均有 256 个点计入处理系统,因此,整个角膜就有约 7000 个数据点进入分析系统。由此可见,角膜地形图具有系统性、准确性和精确性。

角膜地形图在临床应用于诊断角膜散光,定量分析角膜形状,诊断角膜屈光度异常。将角膜屈度以数据或不同的颜色显示出来,其两轴屈度之差为角膜散光。角膜地形图的问世,使亚临床期圆锥角膜和圆锥角膜的早期诊断成为可能,其圆锥角膜诊断率高达96%。另外,可用于角膜接触镜诱发的角膜扭曲症的诊断。

角膜地形图还可用于角膜屈光手术的术前检查和术后疗效评价,术前根据角膜地形图充分了解角膜形状和性能,尤其是散光的情况和排除圆锥角膜和接触镜诱发的角膜扭曲;术后则根据角膜地形图评价疗效。现代白内障手术的目标,不仅要减少手术诱发的散光,而且要通过手术消除术前散光,因此可根据手术前检查的角膜地形图来指导手术。用角膜地形图对角膜移植术后的角膜散光作出准确的诊断,可指导矫正角膜移植术后的散光。此外,依据角膜地形图可计算出屈光不正患者配镜所需的度数,指导配戴角膜接触镜,以提高其准确性。

9.3　视觉光学治疗仪器与技术

视觉光学治疗仪器与技术,指的是对眼球光学系统的屈光不正及病变进行补偿、矫正、防治和手术的仪器及相关技术。主要有光学眼镜、接触眼镜、准分子激光角膜切削术、角膜切开术、人工晶状体及移植术、角膜移植术等。

9.3.1　光学眼镜与接触镜

平常人们配戴的眼镜,可以看作是最简单的视觉光学治疗仪器。根据眼球光学系统的屈光能力不同,需要使用不同的眼镜,如近视眼配戴凹透镜,远视眼配戴凸透镜,散光眼佩戴柱面镜。如果是近视与散光或远视与散光混合,则需要分别佩戴凹透镜与柱面镜组合于一体、凸透镜与柱面镜组合于一体的矫正镜。有关屈光不正的起因及其配镜原则,已经在第二章中详细阐述。

角膜接触镜(Contact lens),是一种直接贴附在角膜表面的圆形窝状薄镜片,可用于矫正屈光不正或治疗眼病。由于接触镜无眼镜框的外形,透明且细小,配戴后不易被人察觉,因此又俗称隐形眼镜。接触镜可分为硬性角膜接触镜和软性角膜接触镜两大类,前者的制作材料一般为甲基丙烯酸甲酯(PMMA),后者则采用甲基丙烯酸羟乙酯(HEMA)及其软性聚合物制成。接触镜的光学特性、生理特性、配镜原则、应用范畴及配镜后可能出现的并发症等问题十分复杂,不作详细介绍,请参见有关验光和配镜的参考书。

9.3.2　准分子激光角膜切削术(PRK)

激光技术在临床医学中已经得到广泛应用,某些手术及处置等所使用的手术刀也使用了激光。这种激光刀利用了波长从 $0.1\mu m(100nm)$ 到 $100\mu m(0.1mm)$ 范围的电磁波。激光的波长越长,越易通过组织,波长越短越易被组织吸收,能效也越高。用于视力矫正手术的准分子激光,与这些激光的性质完全不同。准分子激光是比以往眼科使用的激光波长更短的紫外线光。准分子激光的准分子(Excimer)是被激发的二聚体(Excited dimer)的省略语。

准分子激光的产生使用以惰性气体和卤素组成的混合气体,通过改变作为介质的惰性气体,可制成各式各样的物质。给这些气体施加高电压,可以变成一个分子状态,这种状态称作激发状态,是能量的最高级。但这种状态不能长时间存在,要返回原来的低能量状态。在从高能级向低能级跃迁的过程中,便辐射出准分子激光。按照其波长大小,准分子激光属于紫外波段。在几种准分子激光中,矫正视力手术使用的是波长 193nm 的紫外光。其激光物质是氩与氟的组合。准分子激光的特性和优点包括不产生热、能量大、能量易被水吸收等。

角膜的厚度约 0.5～1.0mm,由外向内共由 5 层构成,分别是上皮细胞层、前弹力层、角膜实质层、狄氏膜和内皮细胞层。手术时用激光照射到角膜实质层的一部分,紧随其后内皮细胞层是进行角膜内水分调整的地方。激光具有光能,利用这种能量照射角膜组织,可将角膜组织内的分子键解开。准分子激光并非依靠高温使组织蒸发,而是以微粒子将组织粉碎。对角膜而言,准分子激光具有十足的能量,但这种激光所有的能量在被照射的角膜表面十几微米范围内即被吸收,因此不必担心激光会穿通角膜损伤后面的晶状体和视网膜等眼组织,可以放心使用。

PRK 手术正是利用准分子激光的上述特性,在电脑控制下对角膜的相应部位进行切削,从而改变角膜的屈光度,达到矫正近视、远视或散光的目的。切削手术过程中,激光作用在角膜的中央部,可改变角膜的弯曲度,减少角膜的折射力,以达到治疗近视和散光的目的(图 9-6)。矫正远视时,激光作用在角膜的周边部,增加角膜的折射力,治疗不同程度的单纯远视和远视合并散光患者。

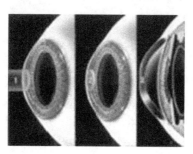

图 9-6   PRK 角膜切削术示意图

PRK 手术者一般需符合以下条件:(1)年龄在 18～55 周岁之间;(2)近视不超过 12D 即 1200 度,散光不超过 400 度,远视不超过 800 度;(3)近视或远视已稳定 2 年以上;(4)双眼屈光相差 300 度以上的屈光参差者;(5)眼压在正常范围内,无其他眼部疾病,身体状况基本健康等。

9.3.3   人工晶状体

人工晶状体也简称人工晶体,是一种可植入到人眼前房内的人造晶体。这种晶体是矫正高度近视($>-9.5D$)和远视的最有效方法。

人工晶体的应用起源于白内障的摘除手术。白内障是指人眼本身的晶状体发生了混浊,治疗的唯一方法是进行手术摘除。这样,患者看东西便不再拥有自然晶状体状态下的光学特点,他们的视力变得相当远视。多年来,戴着像瓶底一样又厚又重的眼镜是矫正视力的唯一方法。

1949 年,眼科医学界取得了一项真正的突破。Harold Ridley 制造了一枚人工的晶状体并把它成功地植入了一位白内障患者的眼内。之后,人工晶体技术不断得以推进、改良并使其最终变得更加精巧。事实上,今天的眼内晶状体置换与白内障摘除已密不可分,它已使成千上万的白内障患者在生活上获得了新的解放。经过几十年的考验,证明这些人工晶体是安全可靠的。

那些未患白内障但却患有远视或近视的人们又怎样呢? 他们不得不从早到晚戴着厚重的眼镜。现在,他们中的绝大多数人也可以从现代的人工晶体植入技术和显微外科手术中获益。其方法是设计出特殊的人工晶体并将其应用于矫正屈光不正。因为这种手术保留眼睛本身的晶状体,所以手术过程比白内障手术要简单。只需在角膜边缘做一个小小的切口,然后在眼睛的前房内放置一个很小的并具有可塑性的晶体,放置晶体的空间介于虹膜和角膜之间。最后,通过缝合关闭切口。

人工晶体植入者一般需符合以下条件:(1)年龄至少 20 岁;(2)前房深度不少于2.8mm;(3)视力问题是高度近视($>-9.5D$)或远视;(4)屈光保持 2 年以上稳定;(5)无其他眼科疾病,如角膜病、视网膜病、玻璃体病和虹膜病等;(6)无眼前节或眼后节炎症;(7)无单眼视等。

最早的人工晶体焦点是固定的,也称为单焦人工晶体,即其焦距不可调节,随之而来的问题是只能对某一距离附近的景物清晰成像。相比于白内障的没有正常视觉,这已经是一个不错的结果,但与正常眼相比,生活和工作仍然很不方便。为此,国际上研制了多焦人工晶体,可以同时对近物和远物清晰成像。多焦人工晶体的原理是将晶体的后表面制成菲涅尔圆环式,借助于菲涅尔环的衍射特性和晶体前表面的折射特性的同时作用,获得多个聚焦点,分别在看近和看远时起作用,实现对远景和近景的清晰成像。

9.3.4　弱视的治疗方法

眼球无明显器质性病变,而单眼或双眼矫正视力仍达不到 1.0 者称为弱视。目前,我国制定的弱视标准为矫正视力≤0.8 或两眼视力差≥2 行。弱视是一种严重危害儿童视功能的眼病。弱视的分类和病因主要有:

1.斜视性弱视。为了克服斜视引起的视觉紊乱及复视,视中枢主动抑制斜视眼的视觉,久而久之形成弱视,一般斜视发病越早,产生抑制越快。据统计,约有 50%斜视儿童有弱视现象。

2.形觉剥夺性弱视。它指婴幼儿因睑裂缝合术,重度上睑下垂,或长期遮蔽一眼阻止光线入眼,影响黄斑发育而引起的弱视。

3.屈光不正性弱视。此症常见于双眼屈光不正而又未配戴矫正眼镜的患者,由于黄斑中央凹视细胞长期得不到充分刺激而引起弱视。

4.屈光参差性弱视。由于两眼屈光度数相差 3D 以上,双眼黄斑上的物像大小相差约5%,使大脑融合发生困难,导致大脑皮质对屈光度较高的眼(或过小的物像)长期抑制,日久就发生弱视。

5.先天性弱视。此症可能与新生儿黄斑部出血从而影响视细胞功能的正常发育有关;或眼球震颤,不能注视而出现视力障碍。

弱视的诊断措施主要有以下几方面:检查和矫正视力;鉴定注视性质、视觉融合功能、主体知觉屈光状态等;检查内外眼有无明显的器质性病变;对弱视患者,最好测定弱视是中央凹注视眼还是旁中央凹注视眼,以便在治疗时选择适当方法。中央凹注视眼用遮盖法治疗疗效好,而旁中央凹注视眼用红色滤光胶片法作遮盖治疗效果好。

弱视应在学龄前(5 岁前)积极治疗。年龄越小,疗效越好,成年后治疗无效。弱视的主要治疗方法包括:(1)验光配镜,采用散瞳验光方法测定视力和屈光度值,配戴准确度数的眼镜。(2)矫正斜视,矫正斜视、促进双眼单视、提高弱视能力是治疗弱视的最基本方法。(3)遮盖增视疗法,两眼戴矫正眼镜后,遮盖视力好的眼强迫弱视眼看东西,使其锻炼而提高视力。在遮盖期间,要观察健眼的视力状况,不使其视力减退,故健眼遮盖数天应打开一天,以防健眼发生遮盖性弱视。本法对中央凹注视者疗效好。(4)红色滤光胶片增视疗法,将620～700nm 波长的红色滤光胶片贴在旁中央凹注视眼的眼镜片上,每天贴二三小时,而好眼仍遮盖住。红光能促使视锥细胞活跃,使旁中央凹注视自发地转变为中央凹注视。后来研制了闪烁红光弱视治疗仪,采用波长 640nm 的红光,以适当频率(如 15Hz)闪烁,先刺激黄斑区外的视网膜,然后用红光刺激黄斑区,增加弱视眼的视觉输入,从而提高弱视眼的视力。(5)后像疗法,此疗法对旁中央凹注视转变为中央凹注视有一定效果。(6)光栅刺激疗法,患儿戴好矫正眼镜,遮住好眼,接通电源使条栅旋转,患儿用彩色铅笔在有图案的玻璃板上重复描画,开始每日一次,以后隔日一次、三天一次,直至每周一次,以巩固疗效。(7)光学药物压抑疗法等。

9.4 视觉功能测试技术及仪器

视觉功能测试仪是指对视觉的综合功能如视野、立体视觉、颜色视觉、运动视觉等进行测试的仪器。它们不同于视觉光学检测仪器主要限于对眼球光学系统的屈光成像功能进行检测,而是在更高层次对视觉功能进行综合检查的系统。这些仪器技术主要包括平面视野仪、球面视野仪、同视机、色盲检查仪及检查方法、运动视觉检查仪等。

9.4.1 平面视野仪

视野是人眼所看到的范围,视野的测试由视野仪或视野计来完成。视野测试的目的是检查人眼的中心视野和周边视野的空间范围大小,为临床诊断提供依据。视野仪可分为平面视野仪和周边视野仪两类。平面视野仪也叫中心视野仪,是测定注视点以外30°视角范围内的视野;周边视野仪也称球面视野仪,用于测定大于30°视角的周边视野。近年来发展的有些视野仪可以同时测定中心视野和周边的视野,使用起来十分方便。为了叙述清楚起见,这里仍分别对平面视野仪器和周边视野仪进行介绍。

平面视野仪通常是由一块面积为 1m² 的黑色漫射屏组成,屏的材料可由黑丝绒或涂黑色无光漆的木版或玻璃作成。屏上绘以同心圆和径、午线,并标以度数。受试者位于屏前1m 处,以单眼作观察测试,另一只眼睛用物遮挡,受试眼与屏的中心注视点等高。平面视野仪置于暗室,屏面用均匀光照明,屏上照度一般为75～100Lux。测试时,检测人员手持直径分别为 1.3mm 和 1.5mm 的白色视标,视标先沿水平子午线自中心向周边以中等速度、等速、缓慢移动,直至受试者报告"未见"白色视标为止,记录该点位置,按此方法沿各径向进行测试并记录"未见点",将各未见点各自相连,即可得到视野的范围。

用平面视野仪还可以测出人眼的生理盲点,生理盲点的中心在注视点外侧 15.5°,水平线下偏下约 1.5°处。生理盲点呈椭圆形,垂直径为 7.5°±2°,水平径 5.5°±2°。

　　传统的手动式平面视野仪,测试过程繁琐,效率低下。为此,我们研制了一种新型的自动平面视野仪。采用的仍是一块面积为 1m² 的黑色漫射屏,屏上绘以同心圆和径、午线,并标以度数(图 9-7)。但其中不再使用手持白色视标,而是在计算机控制下依次点亮屏上的某些位置,实际上是点亮预先在屏上按规定图案布置的 128 只发光二极管(LED)。对每一显示点,受试者只需按动"看见"或"未见"按钮,计算机会据此记录不可见点的位置,最后将测试结果打印出来。最近,我们又根据相同原理开发了平面视野测试软件,以计算机屏幕作为观察屏,通过软件编程控制,在屏幕上不同位置显示亮点,受试者根据可见和不可见情况,通过鼠标点击作出回答,由计算机将结果自动记录并打印出来。

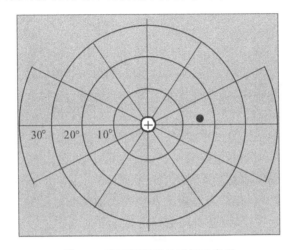

图 9-7　平面视野仪显示屏示意图

9.4.2　球面视野仪

　　球面视野仪也称为周边视野仪,周边视野仪的形式有弧形和半球形之分,但其工作原理基本相似,见图 9-8。

(a) 半球形　　　　　　　　　　　　(b) 弧形

图 9-8　周边(球面)视野仪

　　周边视野仪的弓壁或半球的半径通常为 0.33m,弓壁和半球的内壁由背景光照明系统照明,背景光亮度一般为 3.1mL,视标由白光和颜色光(红色、绿色、蓝色和黄色等)组成,视标光叠加在背景光上,视标大小可变,直径分别为 1、3、5 和 10mm。白光视标的亮度约为

100mL。弧形周边视野仪的原理图示于图9-9。

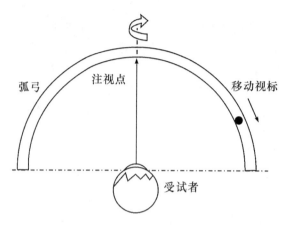

图 9-9　弧形周边(球面)视野仪示意图

弧形视野仪的弧弓可转动,通常每次可转动 30°,旋转 180°后,弧弓两臂实际一共扫过 360°,即起到与半球形视野仪相同的作用。

测试的方法基本上与平面视野仪相同,但受试者位于弓形和半球的中心上,其测量的范围在中心注视点 30°以外,而测量的结果是受试眼的周边视野范围。

用周边视野仪可很方便地测量人眼的颜色视野。

要检测人眼的视野时,尚有动态检测法和静态检测法。这里的动态检测法和静态检测法并非指动态视野和静态视野,而是指测定视野的方法。

1.动态检查法

一般来说,在测定视野时,受试者头部固定,以单眼测定(另眼遮盖),受试眼固视注视点,视标(白色或发光体)由中心慢慢向周边移动,或由周边慢慢向中心移动,然后视标再在各个径的方向移动,令受试者报告"看见"或"未见",把各次第一个未见或看见的点各自相连,即可确定受试眼的视野大小,如图 9-10 中的灰色部分。这种由视标的运动来检测人眼在视野中各点的相对灵敏度的方法称为动态检测法。在动态检测法中,每次检测中视标的大小和亮度是固定不变的。常用的视野检测,尤其是目前医院中所进行的检测,都属于动态检测。

2.静态检测法

这种方法在 20 世纪 50 年代后才开始采用。受试眼在测试前需要在测试仪的一定背景亮度下做亮适应,如三分钟,而视标在某一点的位置上不动,但视标的亮度由较暗逐渐明亮,即刺激强度由弱变强,直至病人刚刚察觉(阈值)为止。然后视标沿各子午线和径向方向移动,并重复上述测试,最后将各阈值点连接起来即为视野的轮廓线,但此视野轮廓线为静态阈值轮廓曲线。

这种检查方法虽然在操作时非常麻烦和费时,但却具有可发现动态视野检测中不能发现的眼疾和具有定位精度高的优点。

9.4.3　色盲检查仪及检查方法

色觉异常的检查方法主要有色盲图检查法、颜色子排列法、颜色混合器测定法、霍尔姆

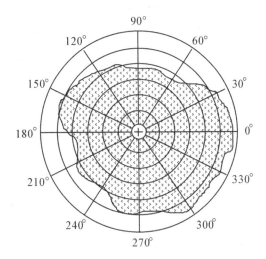

图 9-10 周边视野测试结果示意图

格伦（Holmgren）彩色线团法、彩色铅笔记录法、彩色灯光测验法等。目前在临床上以前三种方法为主，特别是色盲图检查法的应用最为广泛。

色盲图谱的绘制，均选用红－绿、黄－蓝两对颜色为主色，它们互为补色，各自混合相配后可产生一个颜色系列。例如红－绿配色系列中两端分别是红色和绿色，在他们中间，随着红、绿成分的增减，便可出现一个红端偏红，绿端偏绿，中间是不显红不显绿的灰色（中性色）的一系列混合色。中性色灰色的出现，是由于等量的两个互补色相配，两者均可完全吸收对方的光谱波段，因而成为具有一定明度的灰色。这种现象，正好与色盲者看见红色或绿色不显颜色，仅能分辨其明度具有同样的效果。这样，分别以红－绿，黄－蓝为主色，以它们的互补色系列的中性色——灰色作为配色，即可绘制出色盲检查图。以红－绿、黄－蓝为主色，以它们的含有一定比例与饱和度的红－绿、黄－蓝的中间色作为配色，绘制出色弱检查图。图谱中将红、绿、蓝色弱分为重、中、轻度三个粗略的等级。

色子排列法是一种较为简捷而准确的色盲检查方法。检查中提供一定数量的色子，分别为红色子、绿色子、蓝色子、黄色子等，受试者根据自己的视觉感受排列这些色子，要求相邻两个色子之间的颜色最接近，色调和明度相差最小。正常色觉者，可以比较容易地正确排列这些色子，而色觉异常者不能做到这一点。

最早的色子是一系列事先印刷好的等直径的圆色子，携带和操作均较麻烦，检查结果也需手工统计。为此我们编写了色子排列法的计算机软件（图 9-11）。受试者只需观察屏幕上的色子，用鼠标拖动它们并排列到一定的位置，全部排列完成后，计算机即自动显示检查结果。图中所示的结果代表正常色觉者。

色觉异常者的色子排列结果可能千差万别，但几乎不可能排列出图 9-11 所示的正确结果，据此即可判定色觉异常。进一步区分是色弱还是何种色盲，遵循图 9-12 的判别原则。如果有几个色子的排列次序颠倒，而大多数色子排列正确，则确定为色弱；如果排列的次序连接线大多与红色盲基准线即图 9-12(b)中的粗黑线平行，则判为红色盲；同理可确定蓝色盲和绿色盲。

色盲或色弱的另一种检查方法是颜色混合器测定法。这一方法最早由瑞利（Rayleigh）在 1877 年提出并首次应用于临床检查。之后在 1907 年，Nagel 制成了世界上第一台实用型

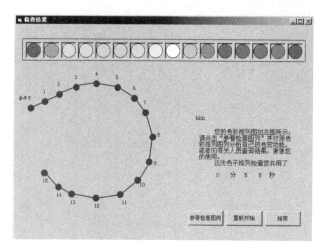

图 9-11　色子排列法测试软件界面

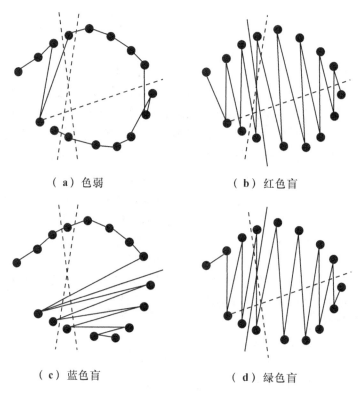

（a）色弱　　　　　　　　　（b）红色盲

（c）蓝色盲　　　　　　　　（d）绿色盲

图 9-12　色子排列法的判别依据

色觉异常检查仪(Anomaloscope)，或称为颜色混合器。其工作原理基于瑞利的颜色混合匹配方程：红(R)＋绿(G)＝黄(Y)，即红光与绿光混合可以匹配出黄光。该型色觉异常检查仪的圆形观察窗分为左右两个半视场，右半视场中直接提供黄光，其亮度(明度)可调；左视场中则同时投射红光和绿光，因此实际上左视场中显示的是红光和绿光的混合色。对于正常色觉者而言，既可以同时分辨红、绿、黄等颜色，也可以用适当比例的红光和绿光混合匹配出黄光，最终看到左右两半视场的黄色完全一致。而对异常色觉者而言，可能既不能正常分辨红色、绿色或黄色；也不能用红色光和绿色光匹配出黄色光；或者即使能用红光和绿光匹配出黄光,但所用的红光和绿光的比例失调。比例失调的程度取决于色弱或色盲的严重程度。如绿色弱者需要更多的绿色才能匹配出黄色;红色弱者需要更多的红色;二色觉者可以用任何比例的红光和绿光混合"匹配"出黄光——实际上并不是真正意义上的颜色匹配,而只是感受的灰度相同罢了。

最早的 Nagel 型色觉异常检查仪(颜色混合器)中的红光波长为 670 nm,绿光和黄光波长分别采用 535 nm 和 589.3 nm。实用化的颜色混合器采用的波长为 670.8 nm(红)、546 nm(绿)和 589.3 nm(黄)。在 Rayleigh 和 Nagel 的工作基础上,Schemidt,Haensch,Farnsworth 和 Brindley 等人及我国上海生理所等单位发展了各种类型的 Nagel 型色觉异常检查仪,但它们的检测原理均大同小异。从该型仪器的原理可知,它们主要用于检查红、绿色弱或色盲。

9.4.4 同视机

同视机是一种既可用于立体视觉功能检查,又可用于眼科诊断和治疗的仪器。同视机有多种形式,也有一些其他的名称,如立体视觉检查仪、弱视镜、斜视镜等。但其差别只是外观结构及功能稍有不同,其原理和内部结构基本相同。

图 9-13 为同视机的基本光路与结构示意图。它由两组相同的光学系统组成,每一组包括照明光源、同视机图片(图对)、反射镜、目镜等。两组光学系统可绕水平或垂直轴分别转动,以实现不同的测试目的。

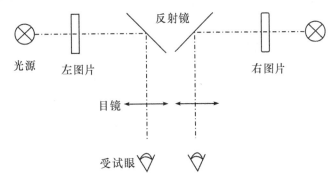

图 9-13 同视机光路图

由立体视觉原理可知,人眼产生立体视觉的过程分为三步,即同时视、融像和立体视。

为此,同视机至少提供三种形式的图片对:同时视图对、融像图对和立体视觉图对。当双眼分别通过左右目镜及光路观察这些图对时,可获得不同阶段的双眼视觉结果。例如,双眼观看立体图对,就可以基于立体视觉的产生机制获得立体感。正常眼可以很容易地获得良好的双眼视觉和立体视觉结果,而且不需要调节同视机的光路角度和图片姿态等参数。如果需要作一定的角度调整才能获得与正常眼相同的结果,则说明该受试者存在斜视或弱视等病情,这就是同视机的检查与诊断作用。此外,斜视眼和弱视眼也将同视机作为工具,锻炼双眼视觉及立体视觉功能,矫正斜视和弱视,即同视机兼具治疗作用。

同时视图对通常由左右两张完全不同的图形组成(图 9-14)。但当双眼同时观察这两张图片时,可将这两张图片中的景象叠合在一起,得到一幅合成的图像,参见图 9-14(c)。同时视图对可用于检查眼睛的斜视角、固视状态及同时视功能。

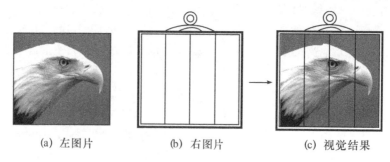

(a) 左图片   (b) 右图片   (c) 视觉结果

图 9-14   同时视图片及视觉结果

融像图对用于测量双眼的融像功能及融合范围。由一组主体相同的图片组成,但每张图上有兼有另一张图不具备的附加结构(图 9-15),合后则变成一张完整的图形。

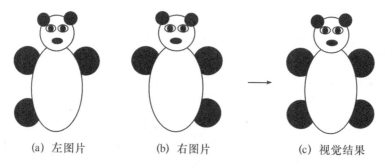

(a) 左图片   (b) 右图片   (c) 视觉结果

图 9-15   融像图对及视觉结果

同视机中的立体视觉图对,也就是第六章所述的立体图对。这是在融像图对的基础上设计的特殊图对,用于检查立体视觉功能。立体图对的左右图片的内容大致相同,但两者的像素之间在横向有一微小位移或差别,即双眼视差,参见图 9-16。图中的主体为蒙娜丽莎,左图中她的位置稍靠右,右图中则稍靠左,相当于在横向有视差;远处被蒙娜丽莎遮挡的背景的相对位置也显得不一样。在同视机上用双眼分别而又同时观察这两张图片,经融合后就可产生立体视觉,看到蒙娜丽莎似乎浮在背景前面。当然,有经验的读者可以直接用双眼观察到这一立体视觉效果。

(a) 左图片   (b) 右图片

图 9-16   同视机立体视觉图对

9.4.5 暗适应检查仪

暗适应检查仪,也称夜间视觉检查仪。暗适应检查仪主要用于检测人眼的快速暗适应能力、夜间视力、视网膜感光绝对阈值等。仪器由明适应、暗适应和计时器三部分组成,借助于起滤光作用的对数密度片,将暗适应光源的光亮度六个等级,从 10^{-1}mL~10^{-6}mL 逐级减小亮度,以测定视网膜的感光阈值。暗适应检查时,受试者的双眼通过眼罩处于密封的观察腔体内,不受外界光线的干扰,在腔体的前方有一图案,如十字架或 E 字型视标等,并可互相切换,以免受试者心理作用对测试结果造成影响。测试过程中逐渐减小腔体内的亮度,并连续记录每一亮度下能再次看到和分辨视标的时间,最后绘制出一条暗适应曲线。一般而言,亮度较高时人眼可以较快暗适应,而要在最低亮度 10^{-6}mL 下完全暗适应,则需要约 45 分钟时间。有关暗适应的机理和特性,已经在第四章中详细讨论,人眼的暗适应曲线,请参见图 4-9。

9.5 其他视觉检查仪器

9.5.1 眼底照相机

眼底照相机由照相系统、照明系统、观察系统和卷片系统四部分组成,眼底照相机发展很快,产品达数十种之多,主要类型有手持式、台式和电视式三种。眼底照相机能早期诊断眼底疾病和其他病症,如糖尿病、动静脉栓塞,小动脉硬化断裂等。此外,由于眼睛是全身各部分的窗口,因此从眼底照片中可以发现多种疾病。

9.5.2 非接触式眼压计

眼球内房水的产生和流动形成了眼内压,以维持正常眼球的形状。正常眼的眼压约为 15mmHg(1999.8Pa)左右。一般早晨眼压高,下午低,晚上又增高,但波动不会超过 5mmHg。眼压偏高会使视神经细胞受伤、血流受阻,导致视野变小、视力降低甚至致盲,这种状况通常称作青光眼。因此,测量眼压在临床上具有十分重要的作用。

眼压的检测方法主要有指触眼压法和眼压计测量法。指测法是令患者双眼自然向下看,检查者以两食指尖由睑板上缘之上方轻触眼球,其余各指置于患者的前额部作支持,两食指尖交替轻压,根据传达到指尖的波动感,估计眼球压力的高低。

眼压计测量法,分为压陷式和压平式两种。Schiotz 压陷式眼压计为临床常用,它是以一定重量的砝码压陷角膜中央部,以测量眼压。压平式眼压计是以一定的重量压平角膜,根据所压平的角膜面积测量眼压,或以可变的重量压平一定的角膜,根据所需的重量来测定眼压眼内压与施加的外力成正比,与压平的角膜面积成反比。这类眼压计主要有 Goldmann 眼压计等。

上述手动接触式眼压计,由于检查时器械或触头必须与患者眼球接触,易造成患者的恐惧感,使用不当还会对患者造成伤害,测量精度也受到制约。为解决这一问题,后来发明了非接触眼压计,如日本 TOPCON 公司生产的 CT—80 型非接触眼压计,利用光学原理与气压作用,无触头与患者眼球接触,即可精确测量患者的眼压。

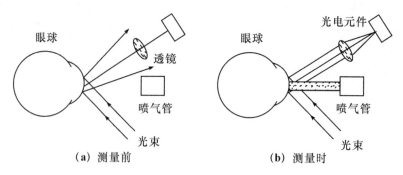

图 9-17   非接触眼压计原理图

该眼压计的测量原理是,在喷气管未喷气时,由于角膜为曲面,平行光束入射到角膜上后多数被发散反射,经过透镜聚焦到达光电元件的光很少。喷气时,随着气压的加大,角膜被压平,当角膜被压平到某一程度时,大量的光线被反射后聚焦到光电元件上,记录此时的气压大小。根据气压的数值和角膜的压平程度,即可计算出眼压的数值。目前,这种非接触式眼压计已经在各大医院广泛采用。

9.5.3   眼底血流测定仪

观察眼底血管的功能状态,包括紧张度、弹性及搏动性,血液供应强度,给临床诊断提供参考依据。

9.5.4   角膜测厚仪

精确测量角膜的厚度,为白内障手术、准分子激光角膜切削术等提供参考依据。

9.5.5   眼科 A 超和 B 超检查仪

A 超用于测量眼轴的长度,有助于选择人工晶体的规格,对近视眼的成因分析和白内障手术提供可靠的依据。B 超用于玻璃体病、视网膜病、脉络膜病、球后眼眶内病的辅助检查以及眼外肌测量。

第十章

三维立体成像技术

在第六章已经讨论过人眼的立体视觉及空间知觉功能。借助于立体视觉,我们一方面看到了一个三维的立体世界;另一方面,利用立体视觉的机制和原理,研究发展了多种多样的三维与立体成像技术,并在日常生活、生产和科学技术领域得到广泛应用。

10.1 三维立体成像技术概述

10.1.1 视觉生理学与心理学基础

位于眼球后部的视网膜是一个弯曲的球面,而参与视觉的主要区域是黄斑及中央凹区域,总体上是一个平面结构。因此,视网膜只能获取二维的图像信息,第三维的深度信息,不可能单纯从单眼的视网膜图像中恢复出来,也就是说,单眼没有立体视觉功能。好在几乎所有高等动物都拥有两只眼睛,人类也不例外。虽然某些昆虫的眼睛数量多于两只,如蚱蜢和蝉有三只眼睛,跳蜘蛛有八只眼睛等,但研究发现,这些眼睛中多数只是光线感受器或红外探测器,真正称得上眼睛的,实际上还是两只。三维视觉或立体视觉正是由双眼视觉来实现的。

人眼具有如下的生理特性:双眼的平均间距即瞳孔距为 65mm;瞳孔直径从 1.5mm 到 8mm 可变;最小的角分辨率约为 45″,广义上称为 1 分视角;双眼最大信息传输速率每秒 430 万比特,单神经速率每秒 5 比特;双眼视野有很大一部分区域相交重叠,即双眼具有共同的视野。此外,人眼晶状体具有十分完备的调节功能,而双眼视轴还可以会聚和散开。这些都是获得立体视觉的生理学基础。因为立体视觉的产生过程包括同时视、融像和立体视等步骤,只有在双眼具有共同视野的情况下,才能同时将同一目标清晰地成像于视网膜上,从中接收有视差的图像信息,再将信息快速传递到大脑视皮层,并在视皮层融合,最终获得完整的立体视觉。前文已经指出,只要双眼接收到的视网膜图像(图对)之间存在视差,视觉系统就能将它们融合而获得立体视。这种有视差的图对,既可以来自实际的目标,也可以是人为绘制或制作的平面图像,利用这一原理,就可以发展出各种不同的三维成像技术或立体显示技术。

虽然在毫无心理学暗示时也能获得很好的立体视觉,如对随机点立体图对的立体视觉,但心理学暗示的确可以增进立体视觉功能。这些暗示因素包括视网膜像的大小,线性透视,面积透视,重叠和遮挡,阴影,结构梯度等。而且,更高级的学习与经验等认知性因素,也在立体视觉中起着重要作用。比如,我们可以把一个画在纸面上的立方体看成是立体的,可以从投影在荧幕上的电影画面中感受到立体景深。实际上,到目前为止几乎所有的荧幕、电视屏、计算机屏等,都是二维的平面结构,而我们同样可以获得良好的立体感。这其中,视觉心理学的暗示显得更为重要。

10.1.2　三维成像与立体成像的区别及联系

平时在讨论立体和三维两个名词时,我们往往将两者看作是一回事而不作区分。严格而言,它们是两个不同的概念。三维更注重于物理学上的含义,而立体则是一个更接近于视觉心理学的概念。三维的东西,必定是立体的,如一个木制的立方体,本身是三维的,看上去又是立体的;又如全息术等三维成像技术,在空间上是三维的,在视觉上又是立体的。而立体的东西不一定是三维的,如画在纸上的立方体,或者双眼从立体图对中看到的立体目标等,本身具有的物理刺激是二维而不是三维的,或者说是假三维的。尽管如此,三维和立体又是两个不可分割的概念。本章讨论的三维与立体成像技术,其最终的接收系统都是双眼,因此实际上是以双眼视觉或立体视觉为基础的。在这种情况下,在本章的各个小节中,我们仍倾向于将三维和立体作为通用的术语而不作严格区分,统称为三维立体成像技术或3D立体成像技术。

10.1.3　三维与立体成像技术的分类

基于上述讨论,可把三维与立体成像技术分为两大类:1)双眼体视成像技术;2)三维空间成像技术(自动体视术)。

这两种成像方法的基本差别,在于记录图片所需要的信息数量不同。双眼像的信息数量仅是平面像的两倍,由此获得的立体像信息往往不甚丰富和真实,比如采用立体镜观察立体图对时,得到的深度感好像是一个平面的目标浮在背景前面一样。而一个真正空间像所需要的信息数量则常常是惊人的,只能由三维空间成像技术来实现。例如全息图像,不论观察者在哪个方向观察,几乎都可以看到与原有景物基本一致的丰富的深度感和立体感。这个问题将在稍后讨论。

这两类成像技术,按其所依据的原理和技术,又可分为若干类,见表10-1。双眼体视成像技术中的立体镜技术、立体照相技术、立体电影与立体电视技术等,我们将作进一步详述。而对于三维空间成像技术,限于篇幅,仅讨论三维投影显示技术和全息术等。此外,按照成像技术的用途分类,又分为静止三维成像技术和动态三维成像技术等。顾名思义,前者包括立体照片,体视镜,全息术等,后者如立体电影,立体电视等。

10.2　立体图对与立体图片制作技术

普通的绘画和摄影作品,包括电脑制作的三维动画,只是运用人眼对光影、明暗、虚实的感觉而得到立体的感觉,而没有利用双眼的立体视觉。用单眼观看这些作品,其效果与两只眼看是一样的。立体图对和立体图片,则是利用人眼的立体视觉原理及特性制作而成的立体画。学习立体图对和立体图片的制作原理,掌握这些立体画的观看方法,不仅可获得前所未有的奇妙视觉享受,而且有助于眼睛晶状体调节的放松,提高视觉功能。另一方面,随机点立体图片的原理和方法,还可应用于各种防伪商标的制作。

表 10-1 三维与立体成像技术的分类

双眼体视成像技术	立体图(片)对制作技术 双眼观片器 双眼体视镜 视差体视照相 柱镜板双眼体视图片(如立体照片) 用偏振片的双眼显示(如立体电影) 用补色法的双眼显示(如最初的立体电视) 用液晶开关的双眼显示(如最新的立体电视)
三维空间成像技术	全息术 视差全景照相 投影式三维显示 柱镜板三维成像 全息体视照相等

10.2.1 立体图对的原理

人类有两只眼睛,双眼之间有一定距离,即瞳距。瞳距的存在,使物体在双眼视网膜上的影像产生一定的差异,或在水平方向有一定的横向位移,这种差异或位移称作双眼视差,参见图 6-6。人眼的立体视觉机制表明,大脑将双眼同时看到的图像融合,并根据这些视差产生立体视觉。

立体图对是利用立体视觉原理制成的一对图片,称作左图片和右图片(图 10-1)。这两张图片的主体与主体之间、背景与背景之间的对应像素相同,只是相对于另一张图片,主体和背景之间有一定的横向位移。图中大的矩形为背景,中间小的圆形为主体。不难发现,在左图中圆形处于中间偏右的位置,右图中则中间偏左,两者在水平方向的差异,就是上文所说的横向视差。当双眼分别而又同时观看这一对图片时,经过大脑的融合,在视差作用下便可获得圆形浮在矩形前的立体视觉效果。若圆形的所处的相对位置正好与本图相反,获得的立体效果就是圆形看起来比矩形更远。

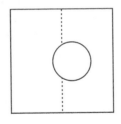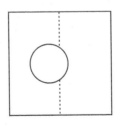

图 10-1 立体图对的原理

10.2.2 立体图对的制作

如果把主体和背景都换成具有复杂结构的图形或图像,并且使左图片和右图片中的主体相对于背景在横向产生位移,就可以制成各种具有实物意义的立体图对。图 10-2 中蝴蝶代替了图 10-1 中的圆形作为主体,绿叶相当于背景,当双眼在约 0.5m 距离分别观看此图并将它们融合时,感知到蝴蝶悬浮在背景前面,好像在绿叶前翩翩飞舞一样。

图 10-2　立体图对的制作

　　立体图对的观看,既可借助于同视机、双眼观片器和立体镜等器械的辅助来完成,也可以直接用双眼观察获得立体效果。当然,一般人未经训练很难直接用双眼分别观看左右图片并将它们融合成立体图。为学习掌握立体图对的观赏要领,图中图片上方画出了两个黑点。读者先用双眼去观看这两个黑点,注意,不要试图去注视和看清这两个点,而是用一种游离的目光去观看它们。当双眼出神的时候,可感觉到这两个黑点从两边向中间互相靠近,最终会合成一个黑点(该点左右两边有两个稍模糊的黑点)。此时将目光稍稍往下向图片内移动,眼前将会出现一个奇妙的立体世界。本书中涉及的所有立体图对和立体图片,均可按照此法观看,当熟练掌握这一技巧时,就不必再借助于黑点的过渡,而可以直接用双眼欣赏了。

　　在立体图对中,可以采用多层次的主体,多层次的背景,只要左右图片中每一层次的像素具有对应关系,并含有不同的视差,双眼观看融合后,同样能感受到立体效果,而且是多深度层次的立体效果。根据这一思路,可以制作深度远近渐变的立体图对。

　　制作上述立体图对的图形或图像素材,既可以是彩色的,也可以是黑白的。更有趣的是,构成图对的像素也不一定是有形的,完全可采用随机点来构造这些图对。随机点立体图对的制作原理与上述有形的实物图对完全相同,差别只是主体和背景均由随机点构成。这样,用单眼观察左右图片时,只看到一些散乱而无意义的随机点;只有当双眼同时分别观看左右图片并将之融合后,才能感知由随机点构成的奇妙的立体世界。

　　图 10-3 所示为随机点图对的实例。其中(b)和(c)为制作完成的图对,初看之下,这两张图中没有有形或有意义的信息,但当双眼观察并融合后,立即感觉到图片中间有一由随机点构成的矩形,悬浮在同样由随机点组成的背景前面。这是因为在图片中间预先选定了一个矩形区,参见图 10-3(a),而在(b)图和(c)图中,我们将此由随机点构成的矩形在水平方向相对平移了一定距离,而背景随机点位置不动,由此提供了两幅图片之间的双眼视差,从而获得立体感。

　　利用以上原理和制作方法,可以制作出各种不同的立体图对。特别是计算机技术的飞速发展,为制作复杂而精美的立体图对提供了坚实基础。

10.2.3　立体图片的原理

　　区别于立体图对,立体图片是一张蕴含立体信息的图片,当双眼以一定的方式观看这张图片时即获得立体感。先来看图 10-4 所示例子,这是一幅最简单的立体图片。图中在水平方向绘制了一系列重复的图案,当这些图案在两只眼睛中重合时,就看到了这样的立体的影像:最上面一行矩形最远,最下面一行圆形最近,三角形居中。产生这样的立体感,唯一的信

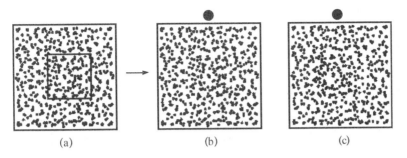

图 10-3　随机点立体图对的制作

息就是最上面一行矩形之间距离最大,最下面一行圆形之间距离最小。

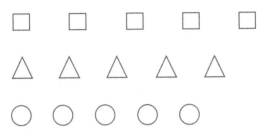

图 10-4　最简单的立体图片

　　把图中的矩形、三角形和圆形等像素,替换成有形的实物图案,再将这些图案在横向的间距设计成各不相同,用双眼就可以看到实物的立体效果了。如图 10-5 所示的立体视觉效果是,这些蝴蝶处在许多不同的层面,好像在不同的空间深度展翅飞翔。

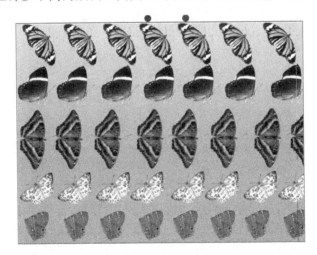

图 10-5　实物图案的立体图片

　　为什么图案之间距离不同,就会产生远近感或立体感呢?答案仍然是双眼视差。这些图案之间的距离,代表了左右眼所看到的对应图案之间的横向位移,也就是视差信息。根据立体视觉机制,这些图案被融合后即可产生立体感。又由于每种图案的视差不同,所以看起来处于不同的深度远近。

　　为了进一步了解立体图对的制作原理,来看图 10-6 所示的一般性情形。在双眼的前方不同深度处有 9 个像素点。由于双眼瞳距的存在,左眼和右眼所见的图像实际并不相同,它们的视线分别以实线和虚线表示。视线与眼前某一平面产生 10 个交点,这些交点也就是景物在视平面内的投影点。从左边第一个像素点开始往右数的 9 个像素点,是左眼所见的图像,记为左眼图像;从右边第一个像素点开始往左数的 9 个像素点所构成的图像,记为右眼图像。但左眼图像和右眼图像的各 9 个像素点是一一对应的,显然,这些对应的像素点之间位置并不相同,间距也不均匀,即存在横向视差。反过来,当双眼分别而同时观看左眼图像和右眼图像时,双眼并不是看到 10 个像素点,而是融合成的 9 个点,只是这些点的空间深度或远近并不相同,由此产生与实际景物一样的立体感。一句话,根据含有空间立体信息的实际景物,可以设计构造平面的立体图片;反之,观看这些平面的立体图片,融合后可恢复出空间立体的景物。

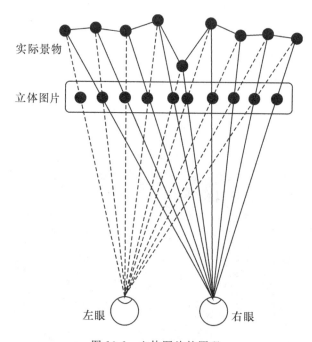

图 10-6   立体图片的原理

图 10-6 所示的立体图片本身是一维的,由此看到的立体感,只是位于一条横线上的远近不同的 9 个点。要制作二维的立体图片,只需按照相同方法,一行一行设计像素点的位置即可。当然,对于具有一定形状及远近深度等设计参数的图片,只需由计算机根据相应的函数关系产生像素点,然后自动给定和绘出这些像素点的位置。与立体图对的制作类似,采用不同结构、不同视差的像素及不同主体、不同背景的图案来构造立体图片,能够制作出多种形式、不同立体感的立体图片。由于立体图片是一幅而非两幅图像,制作上更巧妙也更复杂,因此某些厂家利用这一技术来制作防伪商标。

10.2.4   补色 3D 立体图片的软件制作技术

根据制作的像素点性质不同,我们将立体图片分为黑白立体图片、彩色立体图片、补色法立体图片、随机点立体图片等。上述立体图片即为黑白立体图片,显然也可以制成彩色立体图片,只需将黑白像素换成彩色像素就即可。

用双镜头数码立体相机拍摄的左右格式立体图片,可以直接采用软件技术合成为补色

3D 立体图片,如红青补色 3D 立体图片、黄蓝补色 3D 立体图片等。以红青补色 3D 立体图片为例,其软件制作步骤是:导入左右格式的原始图片;将左图片的所有像素点的绿(G)和蓝(B)分量滤除,仅保留红(R)分量;将右图片的所有像素点的 R 分量滤除,仅保留 G 和 B 分量;将处理后的左图片和右图片叠加,生成红青补色 3D 立体图片。采用红青补色眼镜观看,即可获得逼真的立体感,如图 10-7 所示。

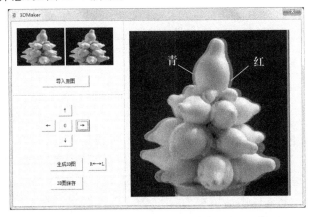

图 10-7　补色 3D 立体图片的软件制作界面(参见附录彩图)

　　补色 3D 立体图片的像素,既可以是有形的实物,也可以是随机点。其制作原理完全相同,由于印刷方面的限制,这里不提供补色随机点立体图片的实例作详细介绍。

10.2.5　随机点立体图片

　　这里所指的随机点立体图片,既包括彩色图片,也包括黑白图片。需要说明的是,其中的彩色随机点立体图片不同于补色 3D 立体图片。在彩色随机点立体图片中,左右眼所见的图片是由相同的彩色像素点构成的,而非互补色。因此,这类随机点立体图片,无论黑白或彩色,都能通过双眼直接观看获得立体效果。

　　图 10-8 所示为作者制作的随机点立体图片的实例。其中的背景为由随机函数产生的随机点阵,图片的主体是"视觉"两个汉字。用单眼观看这一图片,或用双眼随意观看该图

图 10-8　随机点立体图片,立体效果为汉字"视觉"

片,只能看到密布的随机点列阵。随机点立体图片的观看方法与上述立体图对类似,只需先观察图片上部的两个黑点,当它们融合并出现三个黑点时,将视线稍稍向下往图片内移动,即可获得逼真的立体感。当然,对于有经验的观察者,完全不必如此麻烦,直接观看图片就能产生立体视觉。

图 10-8 的图片原为彩色,黑白处理后并不影响观赏效果,因为其中的视差信息并没有改变。随机点立体图片的种类和数量非常丰富,借助于计算机软件技术,还可以制作出深度渐变的立体图片。有兴趣的读者,不妨自行编程或采用现有的软件制作此类图片。

10.3　立体镜

在很久以前,人类的祖先已经开始注意深度是什么的问题。公元前 280 年,尤克力德就指出,深度感起源于每只眼睛接收到的同一物体的两个相似而不相等的影像。这个论点在现在看来也是十分正确的,只是我们更进一步在数学和物理上将左右眼图像之间的差别定义为双眼视差。立体镜和立体图对体视术,正是基于双眼视差的原理而产生的。

最基本的立体镜原理及实物如图 10-9 所示,它由左右图对及其插槽、镜体与左右透镜等组成。观察者双眼分别通过左右透镜观察含有双眼视差的立体图对,经双眼融合后,即可获得立体效果。

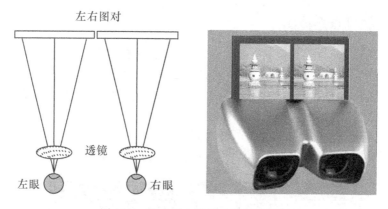

图 10-9　基本型立体镜的原理及实物

10.3.1　惠特斯通体视镜

1938 年,惠特斯通(Wheatstone)在英国皇家学会年会上提出如图 10-10 所示的体视观片器,后来人们将这种体视镜称为惠特斯通体视镜。

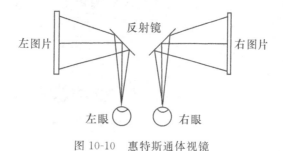

图 10-10　惠特斯通体视镜

　　惠特斯通体视镜的原理是属于自我解释型的。在不同方向上所拍得的同一物体的两张照片(含有视差信息),作为立体图对分别置于左图片和右图片的位置,用双眼观察两幅图片,即可获得物体原有的立体感。这种器件是为用来观察大于瞳距的立体图片而设计的,如果图片本身相当小,也就是第二节所述的立体图对,则无需采用这种器件。

10.3.2　布鲁斯特体视镜

　　布鲁斯特(Brewster)体视镜是世界上第一架实用型的体视镜,由苏格兰人布鲁斯特在1849年制成。实际上它是惠特斯通体视镜的变型,只是以楔形棱镜替代了原来的反光镜,见图 10-11。

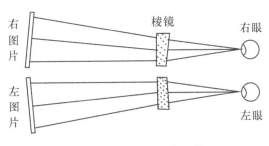

图 10-11　布鲁斯特体视镜

10.3.3　霍姆斯体视镜

　　布鲁斯特体视镜经过霍姆斯的进一步研究和改进,发展成为霍姆斯体视镜。其基本结构与布鲁斯特体视镜相同,只是在棱镜与双眼之间加上一对透镜,即目镜。起先,这种改进后的体视镜主要用于观看立体画片,因为当时照相机技术还不普及;后来则主要被安装在特制的立体照相机上,用来拍摄立体照片。霍姆斯体视镜曾经在一段时期内相当普及,成为娱乐场所必不可少的玩具。

　　加上凸透镜的优点是显而易见的,它们可大大增加观察到的深度感。可以用简单的实验加以证实。预备一块较大的凸透镜,闭上一只眼睛,用另一只眼睛通过凸透镜观察一幅照片,当把照片前后移动到透镜的焦点附近时,可以发现照片好像位于很远的地方。这实际上是与放大镜的原理相一致的,因为通过透镜看到的不是照片本身,而是它被透镜成在远处的像。体视镜上的深度感的增进,是依据相同的原理为基础的。

10.4　立体摄影及立体照片制作技术

10.4.1　立体照相机

　　拍摄双眼立体照片的方法可分为如下三类:由一架照相机相继拍摄两张照片;由两架分隔定置的照相机同时拍摄得到两张照片;由一架特制的照相机同时拍摄两张照片。其中第二和第三种方法采用的特种照相机称为立体照相机,但第二种方法也可采用普通照相机,第三种方法必定要采用特种照相机。

  1.单镜头的立体照相机。如图 10-12 所示。其特征在于用一个大的镜头来聚集必要的双眼信息。通常该镜头的直径大于 75mm。这种方法的缺点是大镜头需要较长的焦距,从而也需要大的相纸或胶片,以确保合理的视角。为解决这一问题,后来发展了在镜头前分像镜系统,在适当的间距的两个位置上聚集双眼图像信息,并将它送到一架普通照相机内,把两个图像记录在正常尺寸的胶片的各半画幅上。

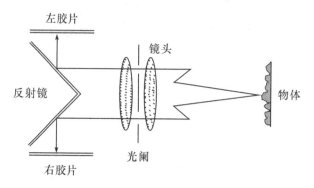

图 10-12　单镜头立体照相机

  2.狭缝板式大镜头立体照相机。如图 10-13 所示,由于镜头大于双眼瞳距,因此一个单独的镜头就可聚集从各个方向观察物体时所需要的图像信息。这种照相机拍摄得到的图像,是直接记录在狭缝板后面的胶片上的。不过,在照片的再现过程中,给出的是物体的一个假像,也就是一个在深度上完全相反的像。

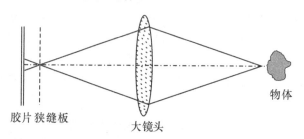

图 10-13　狭缝板大镜头立体照相机

  3.移动式立体照相机。这实际上是一架普通的照相机,只是可在横向移动。当从某一角度拍摄到目标的一幅照片后,将相机横向移动一定距离,再从另一角度拍摄另一幅照片。这样就与一架双镜头的照相机拍摄目标的立体照片等同。本相机的镜头是小直径的,但拍摄的照片仍记录在狭缝板后面的胶片上的。移动式立体照相的缺点是机械定位要求较高,而且只能拍摄静止的物体,一旦物体或景物运动变化,前后拍摄得到的照片显然无法制成立体图对或立体照片。

  4.双镜头与多镜头立体照相机。为了克服移动式相机的局限性,发明了双镜头与多镜头立体照相机,见图 10-14。景物的照片是在 N 个方向用 N 架照相机同时拍摄的,或者是用一架多镜头相机从 N 个方向一次性拍摄 N 幅照片。这些原始的照片是负片或数码图像,需要将图片信息翻印到位于狭缝板或柱面透镜板后面的照相纸上。相纸经过显影和定影之后,再次放在狭缝板或柱面透镜板之后,即可获得具有立体感的景物照片。

图 10-14 双镜头与多镜头立体照相机

10.4.2 视差挡板式立体照片

视差挡板也称狭缝板,在上文已经提到过,现在简要介绍狭缝板视差立体照相法的原理。这一方法最早是由美国的艾夫斯(Ives)在 1903 年提出的。如图 10-15 所示,在一块很薄的狭缝板后面,放置了一张特制的底片或相纸,将立体照相机拍摄得到的物体图片记录下来。根据立体视觉的产生机制,只要双眼单独而且同时看到两幅彼此存在双眼视差的图像,即可获得立体感。在这里,由于狭缝板的限制,使左眼只能看到记录在相纸上的左眼像,右眼只能看到右眼像,最终恢复获得景物的立体感。不过,也正因为狭缝板的遮挡,使来自照片的近一半的光线无法到达双眼,因此由这种方法获得的立体照片往往看起来比较暗淡。

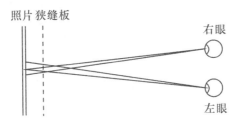

图 10-15 视差挡板立体照片原理

10.4.3 针孔式立体照片

针孔式立体照相法是由莫斯科大学的索科洛夫(Sokolov)在 1911 年发明的,当时使用一块上面有 1200 个锥形针孔的针孔板,板的长度、宽度、厚度为 $200 \times 150 \times 3 mm^3$。据称拍摄过一张电灯灯丝的照片,获得了一定的立体感。不过,由于只有 1200 个针孔,或者说只有 1200 个像素点,因此所得到的深度感还很不充分。

10.4.4 柱镜板立体照片

在迄今为止的立体照片技术中,最为成功的要数柱镜板立体照片技术,目前市场上推广应用的立体照片,大多也是采用该方法制成的。柱镜板是圆柱面透镜板的简称,后表面为平面,前表面则加工成由无数平行的半圆柱面透镜组成,整个柱镜板是透明的,对立体照片的光亮度几乎没有损失。

柱镜板立体照片或图片应称为单向式立体图片,这是由柱面镜的单取向聚焦成像的特性决定的。人们只能在横向(柱镜取向为垂直方向时)观察到图片的深度,而如果将照片旋转 90°角,即柱镜取向为水平时,立体感随之消失。因为在后一种情况下,左眼和右眼观察到的图片是完全一样的。只有在前一种情况下,双眼才能因柱镜的作用而观察到两幅有视差的图像,从而获得立体感。柱镜板立体照片的原理示于图 10-16。相纸面紧贴在柱镜板的后表面,这一位置实际上就是柱面镜的焦平面。与狭缝板的原理相似,柱镜板对光线的曲折作用,限制了记录在相纸面上的有视差图像的成像去向,使左眼像只能成像到左眼处被左眼接收,右眼像只能被右眼接收,在立体视觉机制作用下,人们就可以获得与原景物一样的立体感。

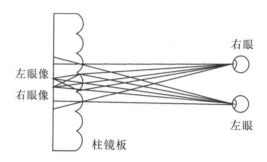

图 10-16　柱镜板立体照片原理

柱镜板立体照片的制作过程一般分为两个阶段。第一阶段,初级图片的拍摄,从 N 个方向用 N 架照相机或者一架有 N 个镜头的照相机同时拍摄物体的图像,记录在负底片上;第二步,次级图片拍摄,用与幻灯机相似的放映设备,即专用的立体照片扩印机,将 N 张底片上的信息投影到涂有照相乳剂的柱镜板后表面上,然后将乳剂显影,柱镜板立体照片就制作完成了。在上述过程中,照相机或投影机镜头之间的间距,镜头焦距,物体距离,照片投影距离等参数之间应满足一定关系。而柱镜板的焦距,节距(即相邻柱面透镜间的中心距)及柱面镜的疏密误差等因素,直接影响到立体照片的分辨率和深度景深,也即决定了立体照片的质量和观赏效果。一般而言,柱镜板的节距在几十到二百微米之间,节距太大时,照片看起来比较粗糙,节距太小,又会影响深度的景深,而且柱镜板的加工难度和成本将增加。目前国外市场上初步商品化的柱镜板立体照片,采用的柱镜板节距一般为 $150\mu m$ 左右。这一技术在我国已开始推广,但还没有大面积应用。

10.4.5　蝇眼透镜板立体照片技术

为克服柱镜板立体照片只能在横向获得立体感的局限性,可以采用蝇眼透镜板代替柱镜板。其原理与柱镜板立体照片相同,不同的是蝇眼透镜既可以会聚横向的光线,又可以会聚纵向的光线,因此在任何方向都可以获得立体感。

10.4.6　全息照相技术

全息照相技术可称得上是真正的三维成像技术,特点是无论是用双眼还是用单眼观察均可获得三维的立体感。全息照相的一般原理简要讨论如下。用相干光激光照射物体时,如果观察者注视物体,看到的是来自物体表面的大量球面波,也就是说,看到的是照明波的散射分量。显然,这些散射光波也是相干的。现在在物体和观察者之间放置一块全息干板,并受来自物体的光波曝光,再加上来自同一光源的次级均匀照明波,称之为参考波。这样,被同时记录在照相干板上信息,实际上是来自物体表面的光波和参考波的干涉条纹信息,也即与三维物体结构对应的相位信息。最后,如果用同样波长的激光照射全息照相干板,观察者在另一方观察,即可获得反映物体的三维结构的立体像。

根据全息干板记录材料厚度的不同及记录条纹形式的不同等,可将全息照相技术分为如表 10-2 所列出的各种类型。尽管全息照相技术获得的立体照片具有真实的三维深度感,它所记录和再现的立体信息比双眼体视成像技术丰富得多,但也存在诸如记录只能在暗室内进行,记录和再现的像一般是单色的,物体必须是静止的,以及所采用的全息干板价格昂贵等缺点。因此不适合于大面积的三维成像。

表 10-2　各种全息照相技术

记录材料的厚度不同	二维全息照相(平面全息照相)
	三维全息照相(立体全息照相)
记录的条纹形式不同	振幅全息照相
	位相全息照相
	闪烁全息照相
	复式振幅全息照相
物体波的形状不同	菲涅尔全息照相
	夫琅和费全息照相
	无透镜傅里叶变换全息照相
	像全息照相

10.5　3D 立体影视及制作技术

10.5.1　偏振式 3D 立体电影

最初的立体电影摄影机装有两个相距 60~65mm 的镜头,这一间距与双眼的瞳距相同。它们分别从两个角度把同一场景的两个不同画面拍摄下来,记录到两条胶片上;放映时又用两台同步放映机同时放映这两个画面,使银幕上出现两个在横向略有偏差的画面(图 10-17)。两台放映机前分别放置两块偏振片,它们的偏振光轴互相垂直。一片能透过横向振动的光波,另一片能透过纵向振动的光波。同样,观看时每个观众戴上一副偏振眼镜,两个镜片的光轴方向分别与两台放映机上的偏振片相同,于是观众的每只眼睛只能看到银幕上的一个画面,即左眼看到左侧放映机投射的画面,右眼只能看到右侧放映机映出的画

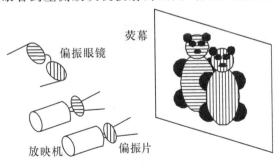

图 10-17　偏振式立体电影原理

面。由于荧幕上的两个画面是从两个不同的角度拍摄的,因此它们的像在视网膜上便形成了双眼视差,融合后就产生了立体视觉的效果。

10.5.2　补色3D立体电影及其制作技术

除了偏振式立体电影之外,补色3D立体电影是另一类典型的立体电影技术。将记录在两条电影胶片上的电影画面,用两台同步放映机同时放映投射到荧幕上,使荧幕上出现两个在横向略有偏差的画面;两台放映机前分别放置两块互为补色(如红色与青色)的滤色片,一片能透过红色光,另一片能透过青色光。同样,观看时每个观众戴上一副红青补色眼镜,于是观众的每只眼睛只能看到荧幕上的一个画面,即左眼看到左侧放映机投射的画面,右眼只能看到右侧放映机映出的画面,由此获得逼真的立体效果(图10-18)。

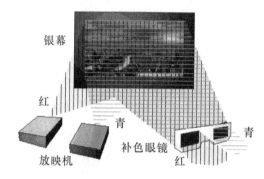

图10-18　补色3D立体电影原理示意图

随着数码技术的发展,在很多情况下无需再将原始的立体电影场景画面记录在电影胶片上,而是可以直接采用数码立体摄像机拍摄记录左右格式的原始立体视频(截图如图10-19所示,原图为彩色),导入到计算机,然后利用软件技术,将左右格式的立体画面一帧一帧滤色与叠加合成,最终制作成补色3D立体视频,直接在电脑上或通过投影机放映出来,观众配戴补色眼镜,即可观赏3D立体影视,如图10-20所示。

图10-19　双镜头立体摄像机及左右格式立体视频截图

需要指出,戴上一副偏振眼镜或补色眼镜观看整部立体电影,对观众来说多有不便,甚至会造成眼睛疲劳,为此后来又出现了全景电影。全景电影就是双眼自由观看,不需要戴偏振眼镜,甚至用单眼也能产生明显的立体效果。全景电影的电影院屋顶是穹形的,整个屋顶是一块大荧幕,由许多台同步电影机放映一幅巨大的画面,画面充满了整个屋顶。电影院的椅子可以后仰,观众能够舒适地观看屋顶的大银幕。另一种全景电影院的墙壁是圆环形的。多台同步放映机同时放映的画面充满四周墙壁的荧幕,观众无论从哪个方向看,都可以看到环形画面的一部分。例如当电影画面上出现坐在汽车上向前行驶时,观众若向前观看,远处

图 10-20　补色 3D 立体影视的放映与制作软件界面(参见附录彩图)

的景物迎面而来;而当观众向后看时,背后的景物又向后快速退去,使观众获得好像自己坐在汽车上一样的现场感觉。如果画面增加一些颠簸,观众会更觉得身临其境。全景电影的立体感非常逼真,正在取代偏振式立体电影。

从全景电影的立体效果可见,大视野画面的平面刺激,也可以产生空间知觉的结果。在这其中,电影画面的动态变化所造成的光流分布的改变,物体的大小、透视、遮挡等深度线索的变化,都会促进全景电影立体视觉的产生。不过全景电影的原理仍然是基于人眼的视觉功能。在飞机训练器中,也利用了相同的原理来模拟飞机起降和飞行过程中的视觉环境,使飞行员在真正驾驶飞机上天之前,就能先获得有效的训练。显然,这种训练方法既经济又安全。

10.5.3　立体电视

立体电视的设想已经有多年的历史,但直到目前为止也还没有真正普及。这其中有多方面的原因,归结起来不外乎制作技术及成本的限制,以及观赏效果的不理想等。曾经提出过的立体电视方案有直接视看系统和投影式系统两大类。其中又可分为双色法、偏振法、分时法、双狭缝挡板法、透镜—狭缝挡板法、振动法、特殊阴极射线管法等技术。

1. 双色法立体电视。也称为补色法立体电视。首先,用双镜头的电视摄像机从两个不同的角度拍摄同一景物,每个镜头前放置一块滤色片,两者互为补色,如左边为红色滤色片,右边为青色滤色片,将拍摄下来的景物记录在同一摄像带上。放映时,观众戴上一副与摄像镜头前滤色片相同的红—青眼镜观看画面,即左边红色,右边青色。显然,左眼只能观察到摄像机左边镜头拍摄的画面,右眼只能看到右边镜头的画面,由于这两种画面之间有视差,因此观众可看到与原有景物相一致的立体画面。不过,这种立体电视的画面色彩往往会失真,观众的眼睛也容易疲劳。

2. 偏振法立体电视。每台电视机需要采用两只阴极射线管,在两个显示屏之前放置两块偏振片,偏振方向互相垂直。两只阴极射线管同时放映有视差的图像,观众戴一副偏振眼镜,根据立体视觉的产生原理,即可获得立体感。

　　3. 分时法立体电视。在电视屏幕上显示的有视差的图像,交替地进入两只眼镜,这可以用与电视信号同步的快门机构或液晶光阀开关实现(图 10-21)。目前少数电视台试播的立体电视,采用的就是这一方法。不过,这种立体电视存在技术上的缺点,因为阴极射线管有后像效应,例如,本该只被左眼接收的图像,其残留的后像也能进入右眼,从而使立体视觉效果不明显,并产生重影现象。

图 10-21　液晶光阀眼镜

　　4. 双狭缝视差挡板法立体电视。方案与偏振式立体电视相似,只是将偏振片改为两块狭缝板。这样就可与狭缝板立体照片一样欣赏立体电视。该方案的缺点是狭缝板的制作与对准技术难度较大,还有就是由于狭缝的遮挡使电视画面比较黯淡。

　　5. 透镜—狭缝板立体电视。方案基本同上,将狭缝板改为由柱镜—狭缝板组成的挡板。这样光线的损失较小,可获得较理想的立体效果。

　　6. 特殊阴极射线管法立体电视。这种方法受柱镜板立体照片的启发,把柱镜板放置在电视机的显示屏前。其原理与柱镜板立体照片相同,只是显示的是动态画面,故不作赘述。

　　此外还有投影式立体电视系统,左眼像与右眼像同时显示在电影放映机上,再由它们投影到一个特殊的屏上,这种立体电视技术涉及的问题,与立体电影是基本相同的。

10.6　三维投影显示技术

　　三维投影显示的意义是,把从不同角度拍摄的同一景物的不同图像投影在方向选择性的或自准直屏板上,使观察者获得三维立体感。

10.6.1　采用常规方向选择屏的三维投影显示技术

　　所谓常规方向,就是从每个方向观察都可获得立体感。在水平和垂直方向各有 m 和 n 个幻灯放映机的投影系统,将由 $m \times n$ 架照相机拍摄的同一目标的不同图像投射到蝇眼透镜屏后表面的反光层上,观察者通过半透半反镜观察投影图像,即可获得与原景物基本一致的立体感。当然,这是一个原理性的三维投影显示方案,根据要求,对于一平方米的投影显示面积,需要数十台这样的放映机,这显然是不现实的。

10.6.2　采用单向性方向选择屏的三维投影显示技术

　　与柱镜板立体照相技术一样,采用柱镜板代替蝇眼透镜板,即可克服以上难题。用柱镜板和漫射屏组成的方向选择屏(简称 USD 屏),在水平方向具有聚焦准直特性,在垂直方向则有漫射特性。只需要用单排放映机将拍摄到的景物图像投射到 USD 屏上,观察者即可像观看普通电影那样观看三维显示。作为方向选择屏的 USD 屏,具有产生边瓣的特性。这是由于散射到漫射面上的光能量被邻近或相隔一个的柱面镜准直所引起的。边瓣效应常被用来扩大投影式显示的观看区域。

10.6.3　采用大型凹面反射镜的三维投影显示技术

　　大型凹面反射镜的成像特性也可用于三维投影显示。图 10-22 是它的原理图,图中只列出两架放映机的情形,实际应用中可采用多架放映机。从不同放映机投射出来的图像,经过凹面镜的反射分别被左眼和右眼接收,使观察者获得立体感。

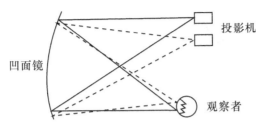

图 10-22 大凹面镜三维投影显示

10.6.4 采用大透镜的三维投影显示技术

图 10-23 是大型凹面反射镜投影系统的变形。采用大口径凸透镜,同样可使来自不同放映机的图像分别被左眼和右眼接收,由此获得立体感。

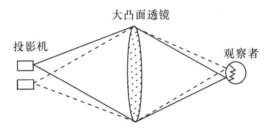

图 10-23 采用大型凸面透镜的三维投影显示

由此可见,三维投影显示技术的原理都是基本一致的,所不同的只是方向选择屏的结构或观察方案的差异。三维投影的方向选择屏,除了上面介绍的蝇眼透镜屏和柱镜板屏外,还有猫眼透镜屏、透射式双蝇眼透镜屏、透射式双柱镜屏,以及大型凸透镜与平行柱镜板的组合屏、大型凸透镜与同心柱镜板的组合等方案,在此不一一讨论。

第十一章

视觉仿生技术及其应用

11.1 视觉仿生学简介

　　1960 年秋天,在美国俄亥俄州的达顿城的一个空军基地,召开了美国第一届仿生学学术会议。在这会议上,仿生学(Bionics)被正式命名和定义:仿生学是模仿生物系统的原理以建造技术系统,或者使人造技术系统(Artificial technological system)具有生物系统特征或类似特征的科学。简言之,仿生学是模仿生物的科学。

　　生物世界是一个奇妙的世界,经过亿万年漫长岁月的繁衍进化,各种生物逐渐适应环境,获得了近乎完美的机体结构与功能,优异之处数不胜数。仿生学涉及自然科学的几乎所有学科,研究内容十分广泛,经过多年的发展,形成了信息仿生学、控制仿生学、力学仿生学、化学仿生学、医学仿生学等分支学科。其中,信息仿生学具有相当重要的地位,它的主要研究内容是,模仿生物体对外界信息的接收、转换、存储、传递、处理和利用的机理,建立和发展类似于生物系统的人造技术系统。

　　视觉是人类和几乎所有动物最重要的信息接收系统,视觉仿生学是信息仿生学的一个十分重要而活跃的研究领域。广义而言,这里所指的视觉,不仅仅是人类的视觉,而是包括所有动物的视觉。视觉仿生学的一般研究方法与技术路线示于图 11-1。

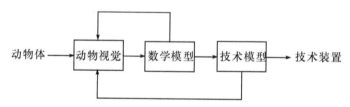

图 11-1　视觉仿生学的研究方法

　　首先,在对动物体的视觉系统的结构和功能进行深入研究的基础上,给出动物视觉的简化模型;然后将实验数据资料翻译成数学语言,提出具有普遍意义的数学模型;根据这个数学模型,用机、光、电、算相结合的技术手段,建立可以在工程技术上进行实验的技术模型;在此过程中经过多次反复和优化,最终发展出可供实际应用的模仿动物体视觉系统结构和功能的技术装置。

　　视觉仿生学的内容非常丰富,涉及的领域也相当广泛,我们只取其中的典型实例作简要介绍。

11.2　人类视觉的仿生技术

顾名思义,人类视觉的仿生技术,是模仿人眼的结构和功能而研究开发人造技术系统的仿生技术。人眼视觉系统分为两大部分,即眼球光学系统和视觉神经生理学系统,可借以仿生和应用的,当然也包括这两个方面。人类视觉的仿生技术似乎并不普遍,但细想之下,这种技术及其应用其实十分广泛。比如前文介绍过的角膜接触镜、人工晶体、普通照相机、数码照相机、立体镜,以及三角测距法、计算机视觉、机器人视觉、神经网络技术等。这些技术在日常生活、生产和科研中的应用非常普及,以至于我们没有注意到它们其实也是基于人类视觉进行仿生而发展起来的技术,或者说,只不过没有刻意将这些技术归类为视觉仿生技术而已。

11.2.1　人造眼球光学元件简介

眼球光学系统的元件包括角膜、房水、晶状体、玻璃体和瞳孔等。曾经盛极一时的角膜接触镜,也称隐形眼镜,正是依据角膜的形状、曲率、厚度和屈光特性等结构参数及功能研制出来的。之后又根据角膜的光洁性、柔滑性和通透性等对角膜接触镜进行了改进,使之能适用于各类屈光不正患者,获得舒适而安全的视觉。

人工晶体是另一种典型的人造眼球光学元件。它在白内障摘除手术、高度近视或远视的手术治疗及无晶体眼的晶体再植等方面获得了广泛的应用,为成千上万的患者带来光明。而人工晶体的曲率半径、直径、厚度、折射率和屈光特性等,几乎都是严格按照人眼晶状体来进行设计的。同时还要充分考虑植入后的人工晶体与眼球内容物之间的相容性或生理反应等问题,使其植入后能较长时间安全使用。

人工晶体的发展,还经历了从单焦距到多焦距的发展历程。实际上,这也正是进一步模仿人眼晶状体的特性的必然结果。我们都知道,人眼既能够对近目标清晰成像,也可以看清楚远处的景物,这其中借助于晶状体的调节作用。而传统的人工晶体的焦点是固定的,也就是只能对某一距离及其附近的景物清晰成像,对无法看清其他距离的目标。多焦人工晶体则可以解决这一问题,因为它的功能对晶状体的模仿程度更接近。不过,目前多焦人工晶体还没有大面积推广,原因是其后表面菲涅尔环的微型沟槽内很容易嵌入蛋白分子,一方面污染多焦人工晶体的表面,使之丧失效能,另一方面还可能导致炎症。解决这一问题的方法,同样需要从充分考察和模仿人眼晶状体的特性中去寻找答案。

11.2.2　眼睛与照相机

眼睛可看成是一架功能无比完善的照相机,或者说,照相机是一只人造的眼睛。这样的说法虽不普遍,但照相机与眼球的相似性是不言而喻的,我们也无从知道,照相机的发明者是否从眼球光学系统的构造和功能中获得了灵感。可以说,照相机是眼球光学系统的仿生学应用的典型例子,或者说,近年发展起来的数码相机是视觉仿生学应用的一个范例。图 11-2所示为眼球光学系统和照相机的结构对比示意图。其中,镜头相当于晶状体,光阑相当于瞳孔,胶片或光电接收元件与视网膜相对应,照相机机身暗盒的作用与眼球的挡光作用是一样的。市面上所谓的傻瓜相机,镜头及焦距是固定不变的,因此只能对有限的距离和景深获得最佳照片效果。高级照相机特别是数码照相机的镜头系统结构十分复杂,功能也很齐全,可以对近距离到远处的几乎一切景物清晰成像;同时,还可利用变焦镜头将远处的景物拉近拍摄。这其中,镜头需对距离不同的景物自动调焦,而自动调焦的机理,与人眼晶状体极为相似。

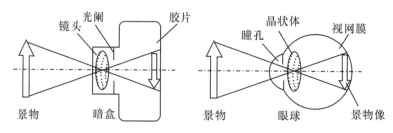

图 11-2 照相机与眼睛的比较示意图

人眼的调焦过程是,由眼球光学系统将景物成像在视网膜上,初始时刻视网膜像可能是模糊而弥散的,该弥散像的信息由视网膜接收转换后,通过视觉通路传递到大脑,大脑根据像弥散的程度,实际上是依据一定的空间频率评价函数,不断修正晶状体的调节程度和瞳孔的直径,直到获得最清晰的景物像。这个过程虽经多次反复,但均可以在瞬间完成。照相机的自动对焦技术与人眼类似,其中数码照相机的调焦更接近人眼,也是依据特定的评价函数,启动电机控制镜头组的相对位置和前后位移,最终获得最佳的像质。数码照相机的调焦过程耗费的时间是显见的,最慢的可能达到数秒乃至十几秒钟。另外,即使最先进的数码照相机,对玻璃窗外的物体、百叶窗、太暗淡的景物、太亮的景物、本身闪光的目标等,都可能调焦失败,而人眼显然不存在这些问题。因此,虽然照相机的结构和功能是人类视觉的仿生学应用的典型例子,但相比于人眼,仍有许多方面需要改进和发展。

11.2.3 双眼视差法测距

人类的视觉具有双眼结构。由于双眼瞳孔距的存在,左右眼看到的景物存在双眼视差。双眼视差不仅是产生立体视觉必不可少的要素,而且在测定和判断空间距离方面具有重要作用。依据这个原理,人们研制开发了各种双眼视差法测距系统,平时常用的三角法测距系统,实际上也是依据双眼视差的原理制成的。这类测距系统利用两台电视摄像机作为模拟的双眼,测距时转动两个摄像机,使它们拍摄到的目标点的电视像重合,根据摄像机旋转的角度,也即该目标相对于两台电视摄像机的视差角,即可计算出物体的位置。

双眼视差法或三角法测距,在大地测量和建筑学等方面具有广泛应用。在天文学领域,测定某些恒星的距离时也可采用双眼视差法。当然,所有恒星离地球的距离都非常遥远,根据双眼观察所获得的双眼视差直接测定其距离是不可能的,因为恒星在左右眼视网膜上的像不存在双眼视差,参见图 11-3(a)。图 11-3(b)所给出的例子,是一种广义的双眼视差法。在春分时从地球上观察某一颗恒星,恒星相对于地球有一仰角;半年后,地球运行到秋分点位置,此恒星的仰角发生一定的变化。半年前后的仰角之差为 $\Delta\alpha$。如果将地球的两个位置比拟为人的两只眼睛,那么地球轨道的直径就相当于瞳距,$\Delta\alpha$ 正是由于这一距离而产生的视差角。对双眼视觉而言,根据瞳距和视差角可以判定目标的距离。同样,根据测定的 $\Delta\alpha$ 值以及已知的地球轨道直径(平均值约为 2 个天文单位,即 3 亿公里),即可计算出恒星的距离。

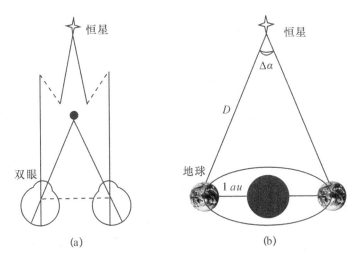

图 11-3　双眼视差法星际测距

双眼视差法以及由此研发的双眼视差法测距仪,可以在大地测量及较近距离的天文观测中较好地应用,但对于那些更加遥远的星系和恒星而言,这种方法仍然是无能为力的。直观地说,太阳与地球的距离为 1.5 亿公里,约 8 光分,地球轨道直径约 16 光分,而当今能观察到的最远的宇宙纵深约为 130 亿光年,与之相比,日地距离显得那样微不足道,上述双眼视差法也就不可能发挥作用。我们已经知道,遥远的星系距离的测量,利用的主要是光波长的红移现象。

11.2.4　双眼视觉与机器人视觉

近几年,机器人视觉的发展较为迅速,其中美日等国在该领域处于领先地位。机器人视觉不仅能够有效地识别目标,分辨景物的颜色,测量目标的距离,恢复物体的三维立体信息,检测目标的运动等,并且可与机器人的其他功能相配合,获得与人类类似的知觉及动作协调效果。例如,某些机器人能够利用视觉对乒乓球的位置和速度的检测,用机器手和乒乓球拍实现长时间的掂球;也能根据对篮球运动轨迹的检测,完成精确的投篮动作。又如机器人能够凭借视觉来调整步伐和行进方向,从迷宫般的障碍阵中顺利走出来。此外,机器人视觉已经在工业生产流水线、自主行走的仓库搬运车、深海探测器、火星车等方面得到实际应用。

机器人视觉的原理和结构参数,几乎都模仿或参照了人类视觉系统的结构和功能。因此广义而言,机器人视觉是视觉仿生学的典型例证。机器人视觉系统一般都具备"双眼"结构,与人类及其他高等动物的双眼结构一致;同时,每只机器眼同样包括调节镜头、光阑、光电探测器及信息处理系统等部分,实际上也与人类眼球光学系统和神经生理学系统的结构及功能类似。

研究发现,人类视觉系统的信息加工都是以平行(Parallel processing)方式进行的,而计算机系统的模拟量与数字量之间的转换和传输采用的是串行(Serial processing)方式。前者每次可以处理很多组数据,后者则只能处理一组数据,显然平行处理的速度、容量和效率远远高于串行方式。为此,科学家根据视觉系统的并行处理原理设计了图像平行加工机等系统,模仿视觉系统对图像进行快速识别和处理。

11.3 复眼及其仿生学应用

人是世间万物之灵。人类拥有最发达、最复杂、最有智慧的大脑,而且人类具有思维、语言和创造性。尽管如此,就身体的某些器官所具有的某些功能而言,人类在许多方面还远远不及动物。鸟和许多昆虫会飞,人就不会飞;鱼类能够自由自在地在水中生活,人如果没有潜水设备就不能长时间待在水里;冬眠的动物可以几个月不吃不喝,人几天不吃东西就没有力气;此外,蝙蝠不用眼睛也能"看见"东西;海豚也具有类似的"声呐"。就视觉系统而言,鹰眼的视力是人类的6倍;苍蝇可以高速地互相追逐;猫和狗在夜间看东西依旧能够一清二楚;蜜蜂离开蜂巢很远依旧会找到回家的路;青蛙能够对活动的飞虫快速出击而对静止的目标熟视无睹。正因为许多动物拥有如此优越的视觉,多少年来人们一直期望能够模仿它们研发出同样美轮美奂的人造装置和系统。其中,苍蝇、蚊子、蜻蜓、蜜蜂等昆虫及其他一些动物的复眼结构和功能,是视觉仿生研究及应用的一个最活跃也最成功的领域。

11.3.1 蝇眼照排技术

苍蝇是令人生厌的害虫,然而在仿生学上,它的眼睛非同寻常,大有可取之处。模仿苍蝇的复眼结构,制作出由众多透镜构成的列阵,也称蝇眼透镜。用蝇眼透镜作镜头制作出的蝇眼照相机,一次性就可照出成百上千张相同的像来。在印刷照排技术中,这种蝇眼照相机特别有用(图11-4)。例如,如果要印100张邮票,用由100个透镜构成的蝇眼透镜一次拍照即可完成,而不必像普通照相机那样一张一张地拍摄100次。蝇眼照排技术还可用来大量复制集成电路的模板,从而大大提高质量和效率。

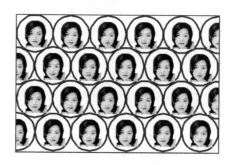

图 11-4 蝇眼照排技术

11.3.2 复眼与地速测量仪

象鼻虫的复眼,是一个天然的速度测量计。它根据各个小眼的测量数据,计算出自身的飞行速度。人们发现在光照刺激(输入)与象鼻虫的反应(输出)之间存在一定的数学关系,将它用数学方程表示出来,就是象鼻虫对运动检测的自相关数学模型。据此研制出一种测量飞机相对于地面的飞行速度的仪器,命名为飞机地速测量仪,如图11-5所示。这种仪器已经在飞机上使用,其构造是在机身上安装两个互成一定角度的光电接收器,或者在机头和机尾各装一个光电接收器,依次接收地面上同一点的光信号。根据两个接收器收到信号的时间差,以及当前的飞行高度,即可计算出飞机的速度。

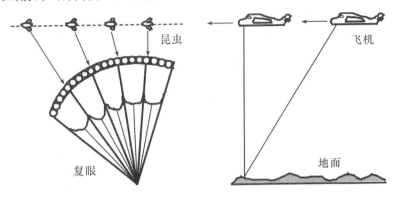

图 11-5　飞机地速测量仪原理

11.3.3　鲨眼图像增强器

鲨眼也长有两只复眼,每只复眼由约 1000 只小眼造成。小眼与小眼之间存在着交错的侧向神经联系,各个小眼的生理机能又彼此制约、相互影响。鲨眼的这一结构特点,使之产生明显的侧抑制作用,即当一只小眼受到光刺激时,周围的那些小眼便受到抑制。换句话说,周围的这些小眼对光刺激的反应,比正常情况下兴奋性要低。凭借这一特性,鲨能够将眼睛接收到的视觉信息予以提取和处理,并使边缘的反差增强,突出轮廓,使图像看起来更清晰,从而能够更准确地捕食或更有效地逃避敌害。

人们根据鲨眼的视觉特点,建立了称为哈特兰方程的侧抑制方程,由此研制成功了鲨眼图像增强器系统,可以将模糊的照片加工成轮廓鲜明、边缘突出的清晰图像,如图 11-6 所示。

(a)　　　　　　　　(b)　　　　　　　　(c)

图 11-6　鲨眼图像增强示意图,(a)鲨,(b)原始图像,(c)增强图像

11.4　视觉仿生学的其他应用

11.4.1　鸽眼电子模型

鸽眼也有灵敏的视觉,它能在人眼视觉所不能及的距离上发现目标。鸽子眼睛视网膜上的 6 种神经节细胞,能分别对刺激图形的某些特征,如亮度、凸边、垂直边、边缘、方向运动

和水平边等方面的刺激产生特殊的反应,所以鸽眼还能发现某一方向上的运动目标。人们对方向运动检测器具有特别的兴趣,这是因为它只能对某一方向的运动物体产生响应,而对反方向的运动视而不见。根据鸽眼的这些视觉原理制成的鸽眼电子模型,可以大大改进图像识别系统的性能。利用鸽眼能够发现定向运动目标的特性而制成的鸽眼雷达系统,能够快速发现飞入国境线的敌方飞机,而对飞出去的飞机不起反应,由此提高效率和准确度。此外,电子鸽眼还可用在计算机视觉系统或生产流水线上,自动挑选出不合格的工件,或自动消除无关的图像信息,如图 11-7 所示。

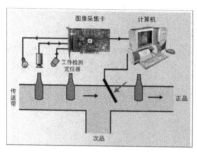

图 11-7　电子鸽眼检测流水线示意图

11.4.2　蛙眼雷达

青蛙眼睛的视网膜,至少存在 5 种视觉细胞,分别提取图像的不同特征。这种特殊结构使蛙眼只对运动的物体敏感,对静止不动的东西则视而不见。模仿这一机理,可研发出运动目标跟踪技术及系统,如图 11-8 所示,这样的跟踪系统只对运动目标(如手)敏感并实现实时检测,而对静止的目标(如房间背景)熟视无睹,因此可以大大提高运算速度和跟踪效率。

图 11-8　仿生蛙眼的运动目标跟踪技术

在此基础上,可进一步研发出电子蛙眼或蛙眼雷达,在许多场合发挥神奇的作用,特别是在军事领域具有非常重要的意义。采用蛙眼雷达,可以快速而准确地识别处于运动状态的飞机、坦克、汽车和导弹等目标,而无须对静止的地面建筑进行探测处理,也大大提高了雷达的探测信噪比、准确性和识别效率,甚至可以识别敌我飞机和真假导弹等(图 11-9)。

国外投入使用的一种人造卫星自反差跟踪系统,也是模仿蛙眼的原理制成的。在阿波罗登月计划中,要把拍摄到的大量照片发回地球,数据量十分巨大。但由于采用了蛙眼的信息处理方式,只将序列图像中不相同的或有变化的信息抽提出来,等同于蛙眼所见的运动变化的目标,而将图像中相同的信息作为静止的背景,从而大大压缩了信息发送量,并更好地

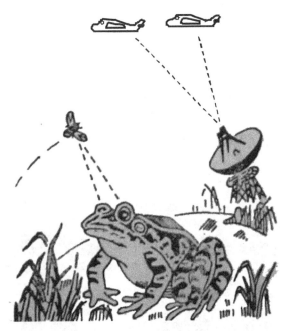

图 11-9 蛙眼及蛙眼雷达示意图

克服了遥远距离发送过程中地噪声干扰,获得了理想的效果。

11.4.3 电子鹰眼

鹰眼的敏锐程度在鸟类中算得上是出类拔萃,其视力同样数倍于人类,而且视野非常广阔。在二三千米高空翱翔的雄鹰,可以很容易发现地面上的兔子等猎物。而在相同高度飞行的飞行员,单凭肉眼几乎不可能发现地面上如此不起眼的目标。如果能研制出一种类似于鹰眼的搜索系统,就能够大大提高飞行员的视力,扩大观察的视野。另外,如果在导弹的头部装配"电子鹰眼"系统,它就能像鹰眼一样自动寻找和识别地面目标,提高打击的准确性。

11.4.4 猫眼夜视仪

猫眼在黑夜中也拥有非常良好的视觉功能,根据它对微弱光线的接收和检测机理,发明了各种各样的"猫眼夜视仪"。从字面上翻译,夜视仪应该叫做微弱光图像增强器,它不同于根据目标发出的红外线进行探测和观察的红外夜视仪,其核心部件是能将微弱光信号增强的光电倍增管等元器件,据此将微弱光线下的景物转变为明亮可视的场景并显示出来。按照夜视仪的技术发展水平,可分为三代产品。第一代夜视仪大都使用阴极真空管作为光电耦合倍增元件;第二代使用更小更好的平板型光电耦合元件代替真空光电管,图像增强放大倍率达到 25000~50000 倍,在微弱光线环境下的观察能力远高于第一代;第三代使用砷化镓作为光电耦合元件,阳极管表面镀有镧离子膜来延长使用寿命,目前属于尖端产品,主要装备军方。

从 1996 年起,美国的多种型号的先进战斗机都装备了 BAE 系统公司研制的"猫眼夜视仪"。在海湾战争中,美空军依仗精良的夜视装备频频发起夜间进攻,空袭基本均从日落到凌晨的夜间进行,飞行员的夜间能见度可达 11 公里。装备有第三代夜视仪的直升机,可在夜间做超低空飞行,既可以快速躲避雷达,又能够更加准确地打击目标。

11.4.5　鱼眼镜头

鱼眼通常位于头部两侧,大多无眼睑,不能闭合,眼睛的晶状体呈圆球形。鱼的视觉调节靠的是晶状体位置的前后移动,而不是改变晶状体的曲率半径。由于鱼眼的特殊结构,使它们在水中能够看到很大的视场范围内的景物,而不必翻身或转弯。

根据鱼眼的成像原理,人们设计出鱼眼镜头(图 11-10)。鱼眼镜头也叫全景镜头,属于短焦距超广角镜头,只是比普通超广角镜头焦距更短,视场角更大。鱼眼镜头的视场角等于或大于 180°,有的可达 230°。它的焦距非常短,通常在 6～16 mm(标准镜头是 50 mm 左右),故而景深特别大,从镜头前 1m 到无限远的距离都可以形成清晰的物像。

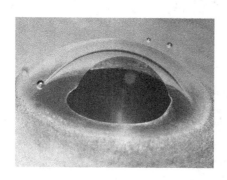

图 11-10　鱼眼(左)与鱼眼镜头(右)

鱼眼镜头的拍摄范围极大,能使景物的透视感得到极大的夸张。鱼眼镜头原是为天文摄影的需要而设计的,现在也用于摄取大范围的全景照片或取得富有想象力的特殊效果。用鱼眼镜头拍摄的照片,虽然存在较严重的桶形畸变,但有时这种效果反而能使画面显得别有一番情趣,如图 11-11 所示。

图 11-11　鱼眼镜头及全景镜头的拍摄效果图

总之,人类和动物的视觉系统是一个高度发达而又无比灵巧的感觉与知觉系统,有关视觉系统的结构和功能,还有许多课题需要更深入地研究,视觉信息应用技术的发展方兴未艾。本书就视觉及视觉信息应用技术的一些重要内容展开讨论,意在抛砖引玉。可以预言,随着科技的发展,人类必将逐步揭开视觉系统的无穷奥秘,也必将发展出更多更好的视觉应用技术,在日常生活、生产、科研乃至人类社会的各个领域获得更广泛的应用。

参考文献

1. 荆其诚,焦书兰,纪桂萍著.人类的视觉.北京:科学出版社,1987.

2. 瞿佳主编.视光学理论和方法.北京:人民卫生出版社,2005.

3. 施明光编著.临床视觉光学.杭州:浙江大学出版社,1993.

4. 虞启琏主编.验光与配镜.天津:天津大学出版社,1990.

5. 徐广第编著.眼科屈光学.北京:军事医学科学出版社,1995.

6. 徐宝华.眼镜屈光度数的选择.眼屈光专辑,1984(3).

7. 章海军.双眼视轴集散与晶体调节的联动反射及合象式近视防治仪.光学仪器,1994(16).

8. 刘晓玲主编.视觉神经生理学(第二版).北京:人民卫生出版社,2011.

9. 毛文书,孙信孚编著.眼科学.北京:人民卫生出版社,1980.

10. 赫葆源,张厚粲,陈舒永编著.实验心理学.北京:北京大学出版社,2000.

11. 瞿佳编著.眼科学.北京:高等教育出版社,2009.

12. 辛勇,唐名淑编著.实验心理学基础.成都:四川大学出版社,2007.

13. 解兰昌,章海军,董太和.人眼微光下夜近视的机制研究.生理学报,1991,43(6).

14. 王映辉编著.人脸识别原理方法与技术.北京:科学出版社,2010.

15. 田启川编著.虹膜识别原理及算法.北京:国防工业出版社,2010.

16. 视错觉 Visual Illusions, http://www.ritsumei.ac.jp/~akitaoka/index-e.html,2013.

17. [日]大越孝敬著,董太和译.三维成像技术.北京:机械工业出版社,1982.

18. 刘源洞,孔建益,王兴东,刘钊.双目立体视觉系统的非线性摄像机标定技术.计算机应用研究,2011,28(9).

19. 王瑞,杨润泽,尹晓春.一种改进的立体像对密集点匹配算法.计算机技术与发展,2011,21(9).

20. 章海军,孙扬远.补色法立体照相技术.照相机,1990(2).

21. 荆其诚,焦书兰,喻柏林,胡维生著.色度学.北京:科学出版社,1979.

22. 王克长著.色觉检查图.北京:人民卫生出版社,1993.

23. 俞自萍著.色盲检查图.北京:人民卫生出版社,1981.

24. 色盲检查 Color blindness test, http://colorvisiontesting.com/ishihara.htm,2013.

25. 章海军,解兰昌,董太和等.人眼深度运动知觉的研究.心理学报,1992(3).

26. 章海军.运动视觉的时间与空间信息处理机制及模型.浙江大学博士学位论

文,1993.

27. 章海军.双眼性的深度运动速度与方向知觉研究.心理学报,1995(27).

28. 章海军.视觉对深度方向运动的检测.中华航空医学杂志,1995,6(3).

29. 解兰昌,章海军,黄峰.微处理机控制 LED 平面视野仪.光仪技术,1988(3).

30. 虞启琏编著.医用光学仪器.天津:天津科技出版社,1988.

31. 福岛邦彦(日)著,马万禄等译.视觉生理与仿生学.北京:科学出版社,1980.

32. 王谷岩编著.生物与仿生.北京:人民教育出版社,1984.

33. 倪海曙主编.视觉与仿生学.北京:知识出版社,1985.

34. 迁三郎,杉江昇著.仿生学浅说.北京:科学出版社,1982.

35. Barlow H B and Mollon J O. The Senses. Cambridge:Cambridge University Press,1982.

36. A perception of vision, http://library. thinkquest. org/C005949/index2. html,2013.

37. Geldard F A. The Human Senses,New York:Wiley,1ˢᵗ. Ed. ,1953.

38. Gibson J J. The Senses Considered as Perceptual Systems. Boston:Houghton Miffin,1966.

39. Optical illusions, http://www. michaelbach. de/ot/index. html,2013.

40. Lazaros N,Sirakoulis G C,Gasteratos A. Review of stereo vision algorithms:from software to hardware. International Journal of Optomechatronics,2,2008.

41. Deeb S S. Molecular genetics of color vision deficiencies. Visual Neuroscience,21,2004.

42. Kaufman L. Perception:the World Transformed. New York:Oxford University Press,1979.

43. Mollon J D and Sharpe L T. Colour Vision. London:Academic Press,1983.

44. Richards W. Anomolous Stereoscopic Depth Perception. J. Opt. Soc. Amer. ,61,1971.

45. Shepard R N. Mental rotation of three-dimensional objects. Science,171,1971.

46. Urmson C,Dias M,Simmons R. Stereo vision based navigation for sun-synchronous exploration,Proceedings of IEEE/RSJ International Conference on Intelligent Robots and Systems,1:805-810,September,2002.

附　图

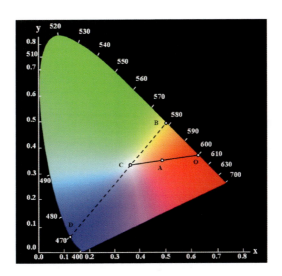

图 7-7　CIE 1931 色度图

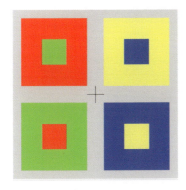

图 7-10　颜色的后像

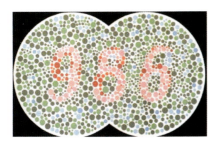

图 7-15　色盲图检查法(例一)

图 7-16　色盲图检查法(例二)

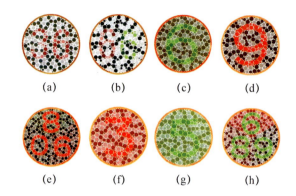

图 7-17　各类色弱与色盲的检查图例

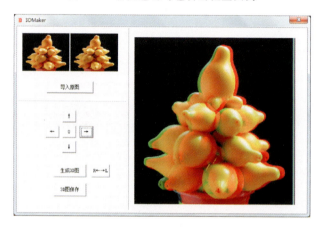

图 10-7　补色 3D 立体图片的软件制作界面

图 10-20　补色 3D 影视的放映与制作软件界面